高等职业教育软件技术专业新形态教材

软件测试（微课版）

主　编　郑小蓉　万国德

中国水利水电出版社
www.waterpub.com.cn
·北京·

内 容 提 要

本书遵循了高职教材理论够用的编写原则，是一本软件测试实践性较强的教材，书中使用了资产管理系统作为测试项目，学习者循序渐进地学习，就能达到软件测试人员所要求的职业岗位能力。本书的主要内容包括：黑盒测试的基本测试方法；测试项目管理所应具备的能力（编写功能测试方案、设计测试用例、编写缺陷报告、编写功能测试总结报告与使用缺陷管理工具等）；采用了 Python+pyCharm+Selenium+Chrome 环境的自动化测试；白盒测试的基本测试方法；运用了 LoadRunner 工具的性能测试。

本书可作为高等职业院校计算机相关专业的教材，也可供软件测试人员学习软件测试技术使用。

本书配有电子教案，读者可以从中国水利水电出版社网站（www.waterpub.com.cn）或万水书苑网站（www.wsbookshow.com）免费下载。

图书在版编目（CIP）数据

软件测试 : 微课版 / 郑小蓉，万国德主编. -- 北京 : 中国水利水电出版社，2020.11
高等职业教育软件技术专业新形态教材
ISBN 978-7-5170-9029-8

Ⅰ. ①软… Ⅱ. ①郑… ②万… Ⅲ. ①软件－测试－高等职业教育－教材 Ⅳ. ①TP311.55

中国版本图书馆CIP数据核字(2020)第205416号

策划编辑：石永峰　　责任编辑：高双春　　封面设计：李　佳

书　　名	高等职业教育软件技术专业新形态教材 软件测试（微课版） RUANJIAN CESHI (WEIKE BAN)
作　　者	主　编　郑小蓉　万国德
出版发行	中国水利水电出版社 （北京市海淀区玉渊潭南路 1 号 D 座 100038） 网址：www.waterpub.com.cn E-mail：mchannel@263.net（万水） sales@waterpub.com.cn 电话：（010）68367658（营销中心）、82562819（万水）
经　　售	全国各地新华书店和相关出版物销售网点
排　　版	北京万水电子信息有限公司
印　　刷	三河市铭浩彩色印装有限公司
规　　格	184mm×260mm　16 开本　13.5 印张　303 千字
版　　次	2020 年 11 月第 1 版　2020 年 11 月第 1 次印刷
印　　数	0001—3000 册
定　　价	39.00 元

凡购买我社图书，如有缺页、倒页、脱页的，本社营销中心负责调换

前　言

近几年，国家教育部对软件技术专业人才培养方案给出的指导性意见中明确规定：软件测试为软件技术专业的核心课程。同时，软件测试员的职业岗位能力是软件技术专业学生在校必须掌握的技能之一。因此，软件测试这门课程的重要性不言而喻。正是基于此，作者结合多年的软件测试教学经验，与北京四合天地科技有限公司联合编写了此书，也希望借此与更多职业院校的教师一起探讨软件测试的教学。

本书分为 5 个单元。单元 1（黑盒测试）主要介绍了等价类划分法、边界值法、决策表法、因果图法、场景法与正交实验法；单元 2（测试项目管理）的主要内容包括如何理解软件需求分析说明书、编写功能测试方案、设计测试用例、编写缺陷报告、编写功能测试总结报告、使用缺陷管理工具等；单元 3（Selenium 自动化测试）采用了 Python+pyCharm+Selenium+Chrome 环境，使用 8 种基本元素定位法，模拟人为的操作进行定位页面元素、切换窗口、切换表单、上传文件、页面截图、处理警告弹框、下拉框选择与验证码的识别等；单元 4（白盒测试）主要介绍了逻辑覆盖法与路径测试法；单元 5（性能测试）利用 LoadRunner 工具对资产管理系统录制与编辑脚本、设置场景，最后对生成的性能测试报告进行分析。

本书有配套的课件资源、授课计划、课程标准和源代码可供下载。本书有配套的微课资源，扫描书中二维码可直接观看。

由于编者水平有限，书中难免有不妥与疏漏之处，欢迎广大读者给予批评之正。

编者

2020 年 8 月

目　录

单元 1　黑盒测试

单元导读

黑盒测试也称为功能测试或数据驱动测试，它是在已知产品所应具有的功能的情况下，通过测试来检测每个功能是否都能正常使用。在测试时，把程序看作不能打开的黑盒子，在完全不考虑程序内部结构和内部特性的情况下，检查程序功能是否按照需求规格说明书的规定正常使用。主要的黑盒测试方法有：等价类划分法、边界值法、错误推测法、因果图法、决策表法、场景法与正交实验法。如何正确地使用黑盒测试策略对软件系统界面与功能设计测试用例，是本单元学习的重点。

教学目标

- 理解黑盒测试方法的基本概念和测试流程
- 掌握等价类划分法、边界值法、决策表法、因果图法、场景法、正交实验法测试用例的基本步骤
- 掌握黑盒测试方法的综合应用策略

任务 1　等价类划分法

任务描述

等价类划分法是将不能穷举的测试过程进行合理的分类，从而保证设计出来的测试用例具有完整性和代表性。等价类划分可有两种不同的情况：有效等价类与无效等价类。给每一个等价类一个唯一的编号，再设计出具有代表性的测试用例去覆盖每一个编号。本任务的主要目标：能根据等价类划分法对典型问题写出等价类表并设计出具体的测试用例。

任务要求

1. 手机号测试

个人信息界面如图 1-1 所示，界面中手机号是“以 1 开头的 11 位数字”，请设计等价类表并设计出具体的测试用例。

图 1-1　个人信息界面

2. 修改密码测试

观察图 1-2 所示的“修改密码”界面，为“新密码”输入框设计等价类表，并根据等价类表设计测试用例。

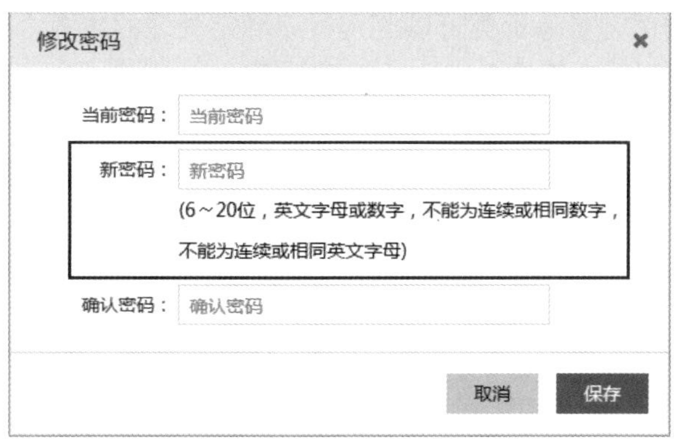

图 1-2　“修改密码”界面

知识链接

一、等价类划分法的概念

等价类划分法是把所有可能的输入数据，即程序的输入域划分为若干部分（子集），然后从每一个子集中选取少数具有代表性的数据作为测试用例。

等价类是指某个输入域的子集合。在该子集合中，各个输入数据对于揭露程序中的错误都是等效的，它们具有等价特性，即每一类代表性数据在测试中的作用都等价于这一类中的其他数据。这样，对于表征该类的数据输入将能代表整个子集合的输入。因此，可以合理地假定：测试某等价类的代表值就等效于对于这一类其他值的测试。

等价类是输入域的某个子集合，而所有等价类的并集就是整个输入域。因此，等价类对于测试有两个重要的意义，即：

（1）完备性：整个输入域提供一种形式的完备性。

（2）无冗余性：若互不相交则可保证一种形式的无冗余性。

如何划分？先从程序的规格说明书中找出各个输入条件，再为每个输入条件划分两个或多个等价类，形成若干个互不相交的子集。如给出 $4<x<10$，则互不相交的子集有 3 个：$x \leqslant 4$，$4<x<10$ 和 $x \geqslant 10$。其中：$4<x<10$ 是有效的，可以取 6 作为一个代表值；$x \leqslant 4$ 和 $x \geqslant 10$ 是无效的，可以分别取一个 3 和 11 作为代表值。

二、等价类划分法的原则

采用等价类划分法设计测试用例通常分两步进行：

（1）确定等价类，列出等价类表。

（2）确定测试用例。

划分等价类可分为以下两种情况：

- 有效等价类。它是指对软件规格说明而言，是有意义的、合理的输入数据所组成的集合。利用有效等价类能够检验程序是否实现了规格说明中预先规定的功能和性能。
- 无效等价类。它是指对软件规格说明而言，是无意义的、不合理的输入数据所构成的集合。利用无效等价类可以鉴别程序异常处理的情况，检查被测对象的功能和性能的实现是否有不符合规格说明要求的地方。

三、等价类划分的依据

1. 按照区间划分

在输入条件规定了取值范围或值的个数的情况下，可以确定一个有效等价类和两个无效等价类。例如，密码输入要求 8 ～ 12 个字符，则有效等价类为 8 ≤密码长度≤ 12，两个无效等价类为密码长度 >12 和密码长度 <8。

2. 按照数值划分

在规定了一组输入数据（假设包括 n 个输入值），并且程序要对每一个输入值分别进行处理的情况下，可确定 n 个有效等价类，即每个值确定一个有效等价类和一个无效等价类（所有不允许输入值的集合）。例如，教师的职称类型有教授、副教授、讲师和助教 4 种，则有效等价类就是职称类型 ={ 教授 , 副教授 , 讲师 , 助教 }，无效等价类是职称类型≠ { 教授 , 副教授 , 讲师 , 助教 }。

3. 按照数值集合划分

在输入条件规定了输入值的集合或规定了“必须如何”的条件下，可以确定一个有效等价类和一个无效等价类（该集合有效值之外）。例如，某大学的教师职位招聘条件是“全日制硕士研究生毕业”，则有效等价类就是“全日制硕士研究生毕业”，无效等价类就是“非全日制非硕士研究生非毕业”。

4. 按照限制条件或规则划分

在规定了输入数据必须遵守的规则或限制条件的情况下，可确定一个有效等价类（符合规则）和若干个无效等价类（从不同角度违反规则）。例如，手机号规定必须“以 1 开头的 11 位数字”，则有效等价类就是“以 1 开头的 11 位数字”，无效等价类就是“不以 1 开头非 11 位非数字”。

5. 细分等价类

在确知已划分的等价类中各元素在程序中的处理方式不同的情况下，则应再将该等价类进一步划分为更小的等价类，并建立等价类划分表（样表），见表 1-1。

表 1-1　等价类划分表

输入条件	有效等价类	编号	无效等价类	编号

四、等价类划分法的测试用例设计

在设计测试用例时，应同时考虑有效等价类和无效等价类。

1. 等价类划分法的步骤

根据已列出的等价类表可确定测试用例，具体过程如下：

（1）为等价类表中的每一个等价类分别规定一个唯一的编号。

（2）设计一个新的测试用例，使它能够尽量覆盖尚未覆盖的有效等价类。重复这个步骤，直到所有的有效等价类均被测试用例所覆盖。

（3）设计一个新的测试用例，使它仅覆盖一个尚未被覆盖的无效等价类。重复这一步骤，直到所有的无效等价类均被测试用例所覆盖。

2. 常见的等价类划分测试形式

针对是否对无效数据进行测试，可以将等价类测试分为标准等价类测试和健壮等价类测试。

标准等价类测试：不考虑无效数据值，测试用例使用每个等价类中的一个值。

健壮等价类测试：主要的出发点是考虑了无效等价类。对有效输入，测试用例从每个有效等价类中取一个值；对无效输入，一个测试用例有一个无效值，其他值均取有效值。

健壮等价类测试存在两个问题：

（1）需要花费精力定义无效测试用例的期望输出。

（2）对强类型的语言没有必要考虑无效的输入。

手机号测试

任务实施

1. 手机号测试

分析：手机号是“以 1 开头的 11 位数字”，有效等价类为“以 1 开头”“11 位”“数字”3 种。

（1）设计手机号等价类划分表，见表 1-2。

表 1-2　手机号等价类划分表

输入数据	有效等价类	编号	无效等价类	编号
手机号	以 1 开头	1	不以 1 开头	4
	11 位	2	小于 11 位	5
			大于 11 位	6
	数字	3	含英文字母	7
			含中文	8
			含特殊符号	9

（2）根据等价类划分表，设计测试用例尽可能地去覆盖更多的有效等价类。从表 1-2 中可知，用例编号 1 可以覆盖所有的有效等价类 1、2、3。但一个无效等价类只能用一个测试用例去覆盖，因此设计了 6 个测试用例去覆盖了 6 个无效等价类。

设计手机号测试用例，见表 1-3。

表 1-3　手机号测试用例

用例编号	手机号	预期输出	覆盖的有效等价类	覆盖的无效等价类
1	17772336781	保存成功	1，2，3	
2	27772336781	保存失败，提示错误		4
3	1777233678	保存失败，提示错误		5
4	177723367811	保存失败，提示错误		6
5	1777233as81	保存失败，提示错误		7
6	1777233 中文	保存失败，提示错误		8
7	811777233@ ￥81	保存失败，提示错误		9

2. 修改密码测试

（1）设计修改密码等价类划分表。根据图 1-2 所示界面，新密码要求是“6 ～ 20 位的英文字母或数字，不能为连续或相同数字，不能为连续或相同英文字母”，设计出修改密码等价类划分表，见表 1-4。

表 1-4　修改密码等价类划分表

输入条件	有效等价类	编号	无效等价类	编号
新密码	6 ～ 20 位	1	<6 位	7
			>20 位	8
	英文字母或数字	2	特殊字符	9
			中文	10
	不出现连续数字	3	出现连续的数字	11
	不出现连续英文字母	4	出现连续的英文字母	12
	不出现重复数字	5	出现重复数字	13
	不出现重复英文字母	6	出现重复英文字母	14

（2）根据“修改密码等价类划分表”设计测试用例。用一个测试用例去覆盖所有的有效等价类 1 ～ 6，用 8 个测试用例去覆盖 8 个不同的无效等价类，见表 1-5。

表 1-5　修改密码测试用例

用例编号	新密码	覆盖的有效等价类	覆盖的无效等价类
1	qazwsx	1、2、3、4、5、6	
2	14789		7
3	147896325147896325147		8
4	123%^&**^&%$#		9
5	中国 12as		10
6	123456789		11

续表

用例编号	新密码	覆盖的有效等价类	覆盖的无效等价类
7	abcdefghijk		12
8	1111111111111		13
9	aaaaaaa		14

【思考与练习】

理论题

1．等价类划分法设计测试用例的步骤是什么？

2．标准等价类测试与健壮等价类测试的区别是什么？

实训题

1．计算保险公司计算保费费率的程序

某保险公司的人寿保险的保费计算方式为：投保额 × 保险费率。其中，保险费率依点数不同而有别，10 点及 10 点以上的保险费率为 0.6%，10 点以下的保险费率为 0.1%；而点数又是由投保人的年龄（假如能活到 99 岁）、性别、婚姻状况和抚养人数等因素来决定，具体规则见表 1-6。

表 1-6 保险费率

年龄			性别		婚姻		抚养人数
20 ～ 39	40 ～ 59	其他	M	F	已婚	未婚	1 人扣 0.5 点，最多扣 3 点（采取四舍五入法进行取整数）
6 点	4 点	2 点	5 点	3 点	3 点	5 点	

设计等价类表并写出具体的测试用例。

2．NextDate 函数测试

NextDate 函数包含 3 个变量 Month、Day 和 Year，函数的输出为输入日期后一天的日期。要求输入变量 Month、Day 和 Year 均为整数值，并且满足下列条件：

条件 1：1 ≤ Month ≤ 12

条件 2：1 ≤ Day ≤ 31

条件 3：1949 ≤ Year ≤ 2050

具体的界面如图 1-3 所示。

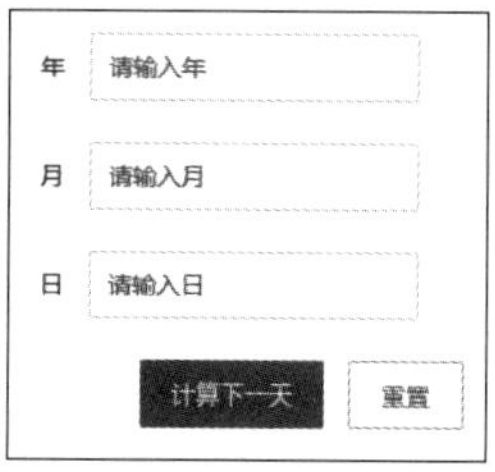

图 1-3 NextDate 函数界面

根据问题描述，利用等价类划分法设计等价类表并设计出具体的测试用例。

任务 2　边界值法

任务描述

边界值法就是对输入或输出的边界值进行测试的一种黑盒测试方法。首先应该找出边界值，再设计出具体的测试用例去覆盖每一个边界。边界值法是对等价类划分法的一种补充。本任务的主要目标：能根据边界值法对典型问题写出边界值并设计出具体的测试用例。

任务要求

新增品牌测试

图 1-4 所示是资产管理系统中新增品牌的界面。品牌名称限制在 10 个汉字以内；品牌编码限制为 10 位字符（英文字母和数字的组合）。利用边界值法为品牌名称设计测试用例。

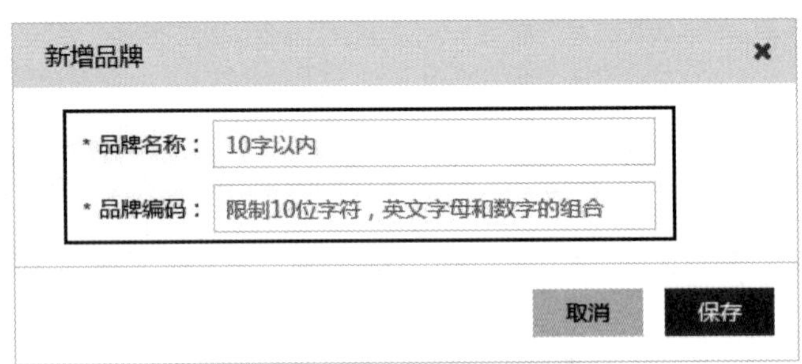

图 1-4　“新增品牌”界面

知识链接

一、边界值法概要

软件测试的实践表明，大量的故障往往发生在输入定义域或输出值域的边界上，而不是在其内部。因此，针对各种边界情况设计测试用例，通常会取得很好的测试效果。

利用边界值法设计测试用例的步骤如下：

（1）确定边界情况。通常输入或输出等价类的边界就是应该着重测试的边界情况。

（2）选取正好等于、刚刚大于或刚刚小于边界的值作为测试数据，而不是选取等价类中的典型值或任意值。

比如需求规格说明中要求密码输入框是 1 ～ 12 个字符，可以尝试输入合法的 1 个字符、2 个字符、11 个字符、12 个字符来测试，也可以输入 0 个字符、13 个字符来测试。

二、边界值的类型

1. 显式边界

显式边界是指很明显地知道边界的数值，如 Excel 2019 工作表，行的边界就是第 1 行和第 1048576 行，列的边界就是第 A 列与第 XFD 列。

在选择边界时，通常选择极值来测试，表 1-7 列出了一些典型的边界值类型。

表 1-7　典型的边界值类型

类型	极值	类型	极值
数字	最大 / 最小	方位	最上 / 最下 / 最左 / 最右
字符串	首位 / 末位	尺寸	最长 / 最短
速度	最快 / 最慢	空间	满 / 空
数组	第 1 个 / 最后 1 个	报表	第 1 行 / 末行
循环	第 1 次 / 最后 1 次	重量	最重 / 最轻

边界值法的划分法与等价类划分法相同，只是边界值法假定错误更多地存在于划分的边界上，因此在等价类的边界上以及两侧的情况设计测试用例。表 1-8 列出了 3 种典型边界值设计的基本思路。

表 1-8　字符、数值与空间的边界分析

项	边界值	测试用例的设计思路
字符	起始 -1 个字符 / 结束 +1 个字符	假设一个文本输入区域允许输入 1 ～ 255 个字符，输入 1 个和 255 个字符作为有效等价类；输入 0 个和 256 个字符作为无效等价类，这几个数值都属于边界条件值
数值	最小值 -1/ 最大值 +1	假设某软件的数据输入域要求输入 5 位的数据值，可以使用 10000 作为最小值、99999 作为最大值；然后使用刚好小于 5 位和大于 5 位的数值来作为边界条件
空间	小于空余空间一点 / 大于满空间一点	例如在用 U 盘存储数据时，使用文件大小比剩余磁盘空间大一点（几 KB）的文件作为边界条件

例如，最小取值定义为 min，比最小值大一点定义为 min+，正常值定义为 nom，最大值定义为 max，比最大值小一点定义为 max-，如图 1-5 所示。

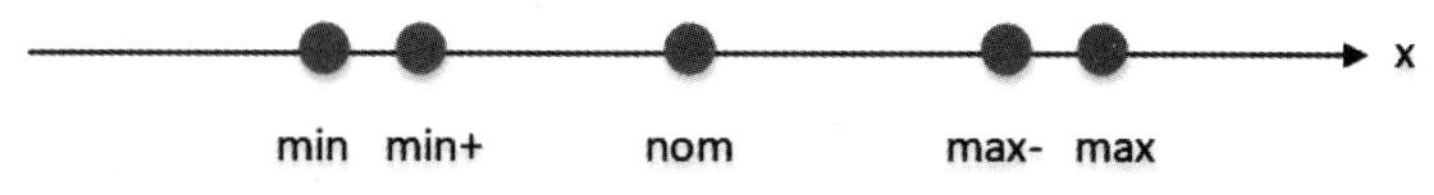

图 1-5　边界值的定义

2. 隐式边界

在多数情况下，边界值条件是基于应用程序的功能设计而需要考虑的因素，可以从软件的规格说明或常识中得到，也是最终用户很容易发现问题的地方。然而，在测试用例设计过程中，某些边界值条件是不需要呈现给用户的，或者说用户是很难注意到的，但同时确实属于检验范畴内的边界条件，这种边界是隐性的。主要出现在计算机数值运算和与ASCII 码处理相关的情形。

（1）计算机数值运算。计算机是基于二进制进行工作的。因此，软件的任何数值运算都有一定的范围限制，如 1 个字节包含 8 个二进制数，1KB 包含 1024 个字节，具体的范围见表 1-9。

表 1-9　二进制边界

项	范围或值
位（bit）	0 或 1
字节（byte）	0 ～ 255
字（word）	0 ～ 65535（单字）或 0 ～ 4294967295（双字）
千（K）	1024
兆（M）	1048576
吉（G）	1073741824

表 1-9 中所列的范围是作为边界条件的重要数据。但它们通常在软件内部使用，外部是看不见的，除非用户提出这些范围，否则在软件需求规格说明中不会明确指出。比如软件中给出 1 个字节的数据，就要考虑 8 个二进制数（2^8），即 254、255、256 这几个边界值。

（2）ASCII 码的处理。在计算机软件中，字符也是很重要的表示元素，其中 ASCII 码和 Unicode 码是常见的编码方式。表 1-10 中列出了一些常用字符对应的 ASCII 码值。

表 1-10　ASCII 码边界

字符	ASCII 码值	字符	ASCII 码值
空（null）	0	Y	89
空格（space）	32	Z	90
斜杠（/）	47	[	91
0	48	单引号（‘）	96
9	57	a	97
冒号（:）	58	b	98
@	64	Y	121
A	65	z	122
B	66	{	123

如果对文本输入或文本转换软件进行测试，在考虑数据区间包含哪些值时，还要参考ASCII 码表。例如，如果测试的文本框只接受用户输入字符 A ～ Z 和 a ～ z，就应该在非法区间中检测 ASCII 码表中位于这些字符前后的值。

三、选择测试用例的原则

选择测试用例的原则如下：

（1）如果输入条件规定了值的范围，则应取刚达到这个范围的边界值以及刚刚超过这个范围边界的值作为测试输入数据。

（2）如果输入条件规定了值的个数，则用最大个数、最小个数和比最大个数多 1 个、比最小个数少 1 个的数作为测试数据。

（3）如果程序的规格说明给出的输入域或输出域是有序集合（如有序表、顺序文件等），则应选取集合中的第一个和最后一个元素作为测试用例。

（4）如果程序中使用了一个内部数据结构，则应当选择这个内部数据结构边界上的值作为测试用例。

（5）分析程序规格说明，找出其他可能的边界条件。

四、边界值分析法测试用例的设计

1. 标准性边界值测试

采用边界值分析测试的基本思想：故障往往出现在输入变量的边界值附近。因此，边界值分析法利用输入变量的最小值（min）、略大于最小值（min+）、输入值域内的任意值（nom）、略小于最大值（max-）和最大值（max）来设计测试用例。

边界值分析法是基于可靠性理论中称为“单故障”的假设，即有两个或两个以上故障同时出现而导致软件失效的情况很少，也就是说，软件失效基本上是由单故障引起的。因此，在边界值分析法中获取测试用例的方法是每次保留程序中的一个变量，让其余的变量取正常值，被保留的变量依次取 min、min+、nom、max- 和 max。

假如有两个输入变量 x 和 y，边界值满足 a ≤ x ≤ b 和 c ≤ y ≤ d，分析测试用例如下：

{<xnom,ymin>, <xnom,ymin+>, <xnom,ynom>, <xnom,ymax->,<xnom,ymax>, <xmin,ynom>, <xmin+,ynom>, <xmax-,ynom>,<xmax,ynom>}

具体如图 1-6 所示。

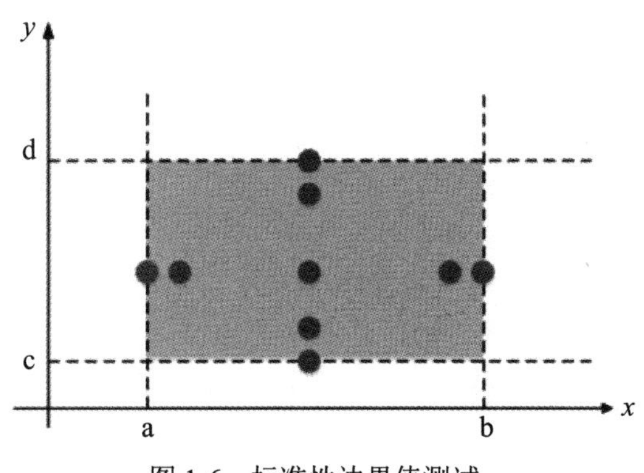

图 1-6　标准性边界值测试

例：有二元函数 $f(x,y)$，其中，$x \in [1,18]$，$y \in [11,31]$，采用标准性边界值法设计测试用例。

具体的设计用例见表 1-11。

表 1-11　二元函数测试用例设计

ID	1	2	3	4	5	6	7	8	9
x	1	2	10	17	18	10	10	10	10
y	20	20	20	20	20	11	12	30	31

推论：对于一个含有 n 个变量的程序，采用标准性边界值法测试程序会产生 $4n+1$ 个测试用例。

2. 健壮性边界值测试

健壮性边界值测试是作为边界值分析的一个简单的扩充，它除了对变量的 5 个边界值分析取值外，还需要增加一个略大于最大值（max+）以及略小于最小值（min-）的取值，检查超过极限值时系统的情况。因此，对于有 n 个变量的函数采用健壮性边界值测试需要 $6n+1$ 个测试用例。

健壮性边界值测试如图 1-7 所示。

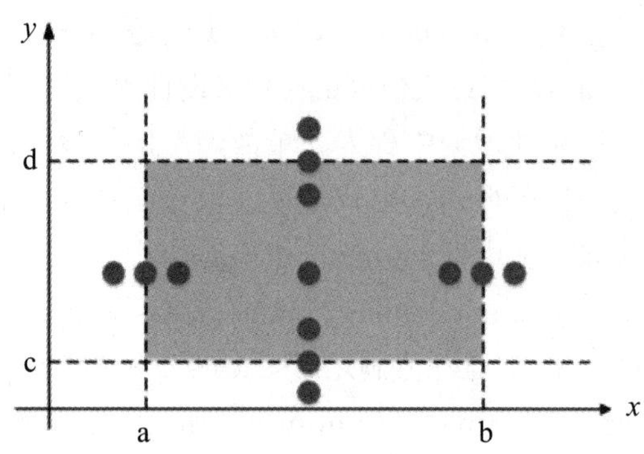

图 1-7　健壮性边界值测试

例：有三元函数 $f(x,y,z)$，其中，$x \in [20,40]$；$y \in [1,9]$；$z \in [11,31]$。请设计该函数采用健壮性边界值法的测试用例。

具体的测试用例见表 1-12。

表 1-12　三元函数测试用例设计

ID	1	2	3	4	5	6	7	8	9	10	11	12	13	14	15	16	17	18	19
x	19	20	21	30	39	40	41	30	30	30	30	30	30	30	30	30	30	30	30
y	5	5	5	5	5	5	5	0	1	2	8	9	10	5	5	5	5	5	5
z	20	20	20	20	20	20	20	20	20	20	20	20	20	10	11	12	30	31	32

推论：对于一个含有 n 个变量的程序，采用健壮性边界值法，测试程序会产生 $6n+1$ 个测试用例。

任务实施

新增品牌测试

“新增品牌”界面如图 1-8 所示，根据界面分析：涉及两个变量，品牌名称和品牌编码。品牌名称限制在 10 个字以内，涉及的边界有 0,1,2,9,10,11，取一个中间值 5。品牌编码限制 10 位字符，则边界值考虑 9,11；而且品牌编码要求是英文字母和数字的组合，则应当结合等价类划分法考虑只有英文字母、只有数字、非英文非数字的组合。

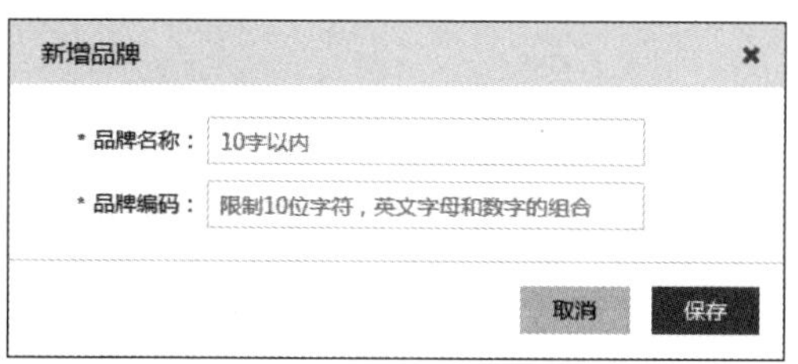

图 1-8　“新增品牌”界面

具体的用例设计见表 1-13，用例 1 ～ 7 为品牌名称取不同的值进行变化，另一个变量品牌编码则取一个正常值。用例 8 ～ 12 为品牌编码取不同的值进行变化，品牌名称取一个正常值。

表 1-13　新增品牌测试用例设计

用例编号	边界	用例设计	预期结果
1	品牌名称 0 个字符	品牌名称：空 品牌编码：12345aaabb	保存失败
2	品牌名称 1 个字符	品牌名称：小 品牌编码：12345aaabb	保存成功
3	品牌名称 2 个字符	品牌名称：小米 品牌编码：12345aaabb	保存成功
4	品牌名称 5 个字符	品牌名称：小米 123 品牌编码：12345aaabb	保存成功
5	品牌名称 9 个字符	品牌名称：小米 1234567 品牌编码：12345aaabb	保存成功
6	品牌名称 10 个字符	品牌名称：小米 12345678 品牌编码：12345aaabb	保存成功
7	品牌名称 11 个字符	品牌名称：小米 123456789 品牌编码：12345aaabb	保存失败
8	品牌编码 9 个字符	品牌名称：小米 1234567 品牌编码：12345aaab	保存失败
9	品牌编码 11 个字符	品牌名称：小米 1234567 品牌编码：12345aaabbb	保存失败

续表

用例编号	边界	用例设计	预期结果
10	品牌编码 10 个英文字符	品牌名称：小米 1234567 品牌编码：cccccaaabb	保存失败
11	品牌编码 10 个数字	品牌名称：小米 1234567 品牌编码：1234512345	保存失败
12	品牌编码 10 个非英文非数字字符	品牌名称：小米 1234567 品牌编码：!!!!!###%%	保存失败

【思考与练习】

理论题

1．边界值法设计测试用例的步骤是什么？

2．标准性边界值法与健壮性边界值法的区别是什么？

实训题

1．三角形问题测试

输入 3 个数 a、b、c，分别作为三角形的三条边，现通过程序判断由 3 条边构成的三角形的类型：等边三角形、等腰三角形、一般三角形以及构不成三角形。现在要求输入 3 个数 a、b、c，必须满足以下条件：

条件 1：$1 \leqslant a \leqslant 100$　　条件 4：$a<b+c$

条件 2：$1 \leqslant b \leqslant 100$　　条件 5：$b<a+c$

条件 3：$1 \leqslant c \leqslant 100$　　条件 6：$c<a+b$

具体的程序界面如图 1-9 所示。

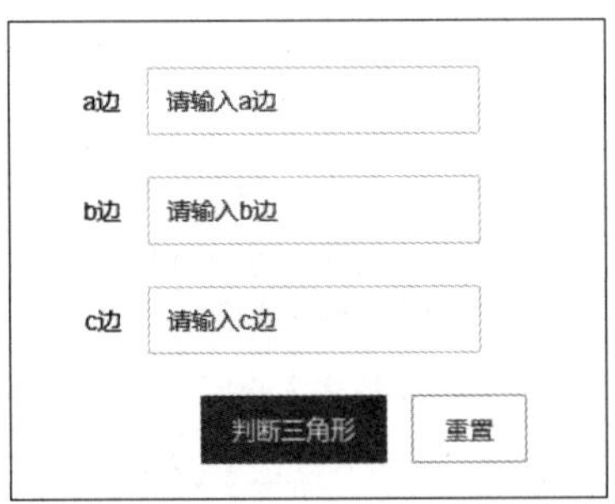

图 1-9　三角形问题的程序界面

根据问题描述，利用等价类划分法设计等价类表并设计具体的测试用例。

2．NextDate 函数测试

根据任务 1 中【思考与练习】实训题 2 给出的 NextDate 函数问题，利用健壮性边界值法设计出具体的测试用例。

任务 3　决策表法

任务描述

决策表是分析问题的各种不同逻辑条件，并根据一定的规则产生不同的组合，由此产生不同的结果。因此，利用决策表可以为多逻辑条件设计出完整的测试用例。本任务的主要目标是：能根据决策表法对典型问题写出决策表并设计出具体的测试用例。

任务要求

1. 图书借阅测试

图书馆的借书卡是按年收费的，可以借阅图书的规则如下：

（1）借书卡已经续费。

（2）已经借阅的图书数量在 4 本以内（不包括 4 本），则允许继续借阅图书，否则必须先归还图书至 4 本以内。

（3）已经借阅的图书如果超期，则必须先归还图书且缴纳罚款后才能继续借阅图书。

请建立该需求的决策表，并绘制出化简（合并规则）后的决策表。

2. 登录界面测试

图 1-10 所示是一个系统的登录界面，主要测试的控件有 4 个：ID、用户名、密码与验证码。假如只有当 ID 是 30，用户名和密码均为 0005，验证码正确时才能正常登录，请利用决策表对系统的登录界面进行测试。

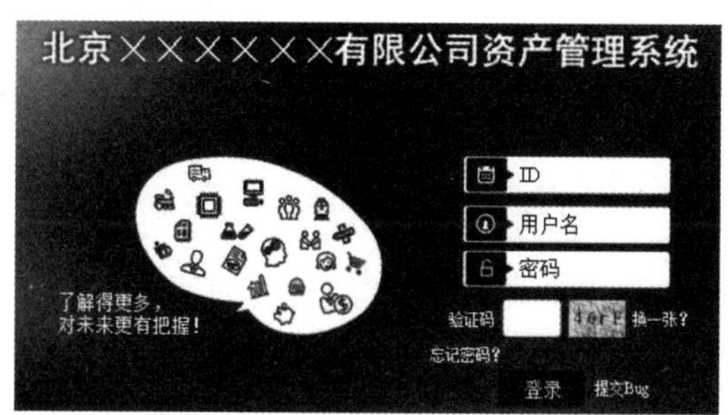

图 1-10　系统登录界面

知识链接

一、决策表的组成

在所有的黑盒测试方法中，基于决策表（也称判定表）的测试是最为严格、最具有逻辑性的测试方法。

在一些数据处理的问题当中，某些操作的实施依赖于多个逻辑条件的组合，即：针对不同逻辑条件的组合值分别执行不同的操作。决策表很适合于处理这类问题。表 1-14 是一个简单的旅游行程安排决策表。

表 1-14　旅游行程安排决策表

规则		1	2	3	4	5	6	7	8
问题	身体疲倦吗？	Y	Y	Y	Y	N	N	N	N
	是否喜欢行程？	Y	Y	N	N	Y	Y	N	N
	时间充足吗？	Y	N	Y	N	Y	N	Y	N
建议	休息	√		√					
	继续旅程		√			√	√	√	
	回家				√				√

观察以上决策表得知，决策表通常由以下 4 部分组成：

- 条件桩：列出问题的所有条件。
- 条件项：针对条件桩给出的条件列出所有可能的取值。
- 动作桩：列出问题规定的可能采取的操作。
- 动作项：指出在条件项的各组取值情况下（规则）应采取的动作。

可以用图 1-11 表示一个决策表的构成情况。

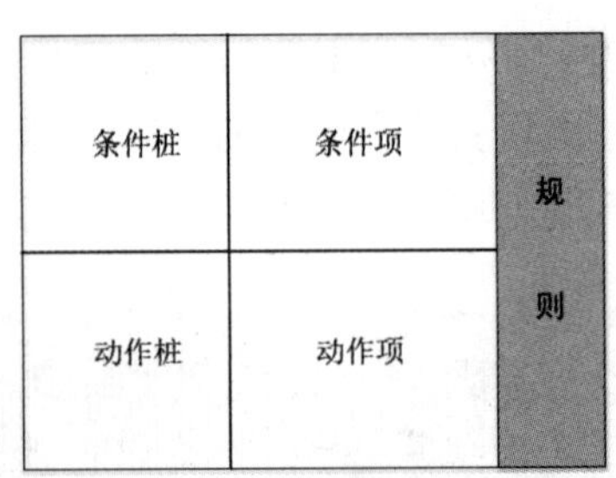

图 1-11　决策表的基本构成

观察表 1-14 发现，第 1 项和第 3 项只要“身体疲倦吗？”是 Y,“时间充足吗？”是 Y，不管“是否喜欢行程？”是 Y 还是 N，动作都是“休息”，因此可以将其合并；第 4 项和第 8 项只要“是否喜欢行程？”和“时间充足吗？”是 N，不管身体是否疲倦，结果都是“回家”，则可以将其合并；第 5 项和第 6 项只要“身体疲倦吗？”是 N，“是否喜欢行程？”是 Y，不管“时间充足吗？”是 Y 还是 N，结果都是“继续旅程”，则可以将其合并。

因此根据分析，可以将此决策表简化，见表 1-15。

表 1-15　简化后的旅游行程安排决策表

规则		1、3	2	4、8	5、6	7
问题	身体疲倦吗？	Y	Y	—	N	N
	是否喜欢行程？	—	Y	N	Y	N
	时间充足吗？	Y	N	N	—	Y
建议	休息	√				
	继续旅程		√		√	√
	回家			√		

二、构造决策表的步骤

构造决策表的步骤如下所述。

（1）确定规则的个数。有 n 个条件的决策表有 2^n 个规则（每个条件取真、假值）。如表 1-14 所列，有 3 个条件："身体疲倦吗？""是否喜欢行程？""时间充足吗"，因此规则的个数就是 $2^3=8$。

（2）列出所有的条件桩和动作桩。

（3）填入条件项。

（4）填入动作项，得到初始决策表。

（5）简化决策表，合并相似规则。

若表中有两条以上规则具有相同的动作，并且在条件项之间存在极为相似的关系，则可以合并。合并后的条件项用符号"—"表示，说明执行的动作与该条件的取值无关，称为无关条件。

任务实施

1. 图书借阅测试

分析：

C1：是否续费？

C2：是否在 4 本以内？

C3：是否超期？

动作：

A1：借阅新的图书

A2：归还图书

A3：缴纳罚款

A4：续费

根据上述的分析，有 3 个条件，则对应的组合有 $2^3=8$ 种。决策表设计见表 1-16。

分析上述决策表，只要"是否续费？"是 N，则动作都是"续费"，因此可以将第 5 项至第 8 项合并为一项；如果已经续费，但只要已借的图书超期，则动作都是归还图书和缴纳罚款，因此可以将第 1 项和第 3 项合并为一项。简化后的决策表见表 1-17。

表 1-16　图书借阅决策表

规则		1	2	3	4	5	6	7	8
条件	C1：是否续费？	Y	Y	Y	Y	N	N	N	N
	C2：是否在 4 本以内？	Y	Y	N	N	Y	Y	N	N
	C3：是否超期？	Y	N	Y	N	Y	N	Y	N
动作	A1：借阅新的图书		√						
	A2：归还图书	√		√	√				
	A3：缴纳罚款	√		√					
	A4：续费					√	√	√	√

表 1-17　简化后的图书借阅决策表

规则		1	2	3	4
条件	C1：是否续费？	Y	Y	Y	N
	C2：是否在 4 本以内？	Y	—	N	—
	C3：是否超期？	N	Y	N	—
动作	A1：借阅新的图书	√			
	A2：归还图书		√	√	
	A3：缴纳罚款		√		
	A4：续费				√

2. 登录界面测试

分析：登录界面有 4 个测试控件，因此对应有 4 个条件。

C1：ID

C2：用户名

C3：密码

C4：验证码

登录界面测试

动作有两个：

A1：登录成功

A2：登录失败

根据分析，有 4 个条件，则对应的组合是 $2^4=16$ 种。画出决策表，见表 1-18。

表 1-18　登录界面决策表

规则		1	2	3	4	5	6	7	8	9	10	11	12	13	14	15	16
条件	C1:ID	Y	Y	Y	Y	Y	Y	Y	Y	N	N	N	N	N	N	N	N
	C2: 用户名	Y	Y	Y	Y	N	N	N	N	Y	Y	Y	Y	N	N	N	N
	C3: 密码	Y	Y	N	N	Y	Y	N	N	Y	Y	N	N	Y	Y	N	N
	C4: 验证码	Y	N	Y	N	Y	N	Y	N	Y	N	Y	N	Y	N	Y	N

续表

规则		1	2	3	4	5	6	7	8	9	10	11	12	13	14	15	16
动作	A1: 登录成功	√															
	A2: 登录失败		√	√	√	√	√	√	√	√	√	√	√	√	√	√	√

从表 1-18 可以看出，只有当 4 个条件：ID、用户名、密码与验证码都正确的时候，才能登录成功，但只要其中任一条件是 N，则登录失败。因此，可以将决策表进行简化，见表 1-19。

表 1-19　简化后的登录界面决策表

规则		1	2	3	4	5
条件	C1:ID	Y	—	—	—	N
	C2: 用户名	Y	—	—	N	—
	C3: 密码	Y	—	N	—	—
	C4: 验证码	Y	N	—	—	—
动作	A1: 登录成功	√				
	A2: 登录失败		√	√	√	√

从表 1-19 可以看出，如果采用决策表测试登录界面，需要设计 5 个测试用例，如表 1-20 所列。

表 1-20　登录界面测试用例

用例编号	输入数据	预期结果
1	ID:30 用户名 ;0005 密码：0005 验证码：46rF	登录成功
2	ID:30 用户名 ;0005 密码：0005 验证码：46rr	登录失败
3	ID:30 用户名 ;0005 密码：0004 验证码：46rF	登录失败
4	ID:30 用户名 ;0004 密码：0005 验证码：46rF	登录失败
5	ID:31 用户名 ;0005 密码：0005 验证码：46rF	登录失败

【思考与练习】

理论题

决策表法设计测试用例的具体步骤是什么？

实训题

1．货运快递问题

货运收费标准如下：若收货地点在本省以内，快件每公斤 8 元，慢件每公斤 4 元。若收货地点在外省、重量小于或等于 25 公斤，快件每公斤 12 元，慢件每公斤 8 元；若重量大于 25 公斤，超重部分每公斤加收 2 元（重量用 W 表示）。请画出决策表并进行优化。

2．银行发放贷款问题

某银行发放贷款原则如下：

（1）对于贷款未超过限额的客户，允许立即贷款。

（2）对于贷款超过限额的客户，若过去还款记录好且本次贷款在 2 万元以下，可作出贷款安排；否则拒绝贷款。

请画出发放贷款的决策表并进行优化。

任务 4　因果图法

任务描述

在软件测试时，如果要考虑多个条件的组合情况，一种方法是采用决策表法，另一种方法就是采用因果图法。因果图法比决策表法更复杂，需要考虑更多的因素。具体方法为：分析问题的原因与结果画出因果图；然后再根据因果图画出决策表；最后设计测试用例。本任务的主要目标是：能根据因果图法对典型问题画出因果图并设计出具体的测试用例。

任务要求

1. 趣味英语页面跳转测试

某趣味英语测试界面设计：第一个字符输入 1 或 2（1 代表第 1 级，2 代表第 2 级），第二个字符输入一个英文字母，则跳转到趣味英语对应字母的测试界面。如输入 1a，则跳转到第 1 级带 a 字母单词的测试。如果第一个输入的字符既不是 1 也不是 2，则给出提示信息“请输入 1 或者 2”；如果第二个输入的字符不是英文字母，则给出提示信息“请输入英文字母”。如果第一个输入的字符既不是 1 也不是 2，第二个输入的字符不是英文字母，则直接清除输入信息，提示“重新输入”。

利用因果图法画出因果图并设计出具体的测试用例。

2. 奖学金等级测试

某程序设计规格说明书要求如下：

如果学生学习成绩优秀且体育成绩优秀或良好则可以获得甲等奖学金；如果学生学习成绩良好，体育成绩优秀则可以获得乙等奖学金；如果学生学习成绩良好，体育成绩良好则可以获得丙等奖学金。

利用因果图法画出因果图并设计出具体的测试用例。

知识链接

一、因果图法概述

因果图法是基于这样的一种思想：一些程序的功能可以用判定表（或称决策表）的形式来表示，并根据输入条件的组合情况规定相应的操作。

因果图法是一种利用图解法分析输入的各种组合情况，从而设计测试用例的方法，它适合于检查程序输入条件的各种组合情况。

使用因果图法的优点有：

（1）考虑到了输入情况的各种组合以及各个输入情况之间的相互制约关系。

（2）能够帮助测试人员按照一定的步骤，高效率地开发测试用例。

（3）因果图法是将自然语言规格说明转化成形式语言规格说明的一种严格的方法，可以指出规格说明存在的不完整性和二义性。

二、因果图的基本符号与约束

1. 因果图的基本符号

因果图中用 4 种基本符号表示因果关系，如图 1-12 所示。

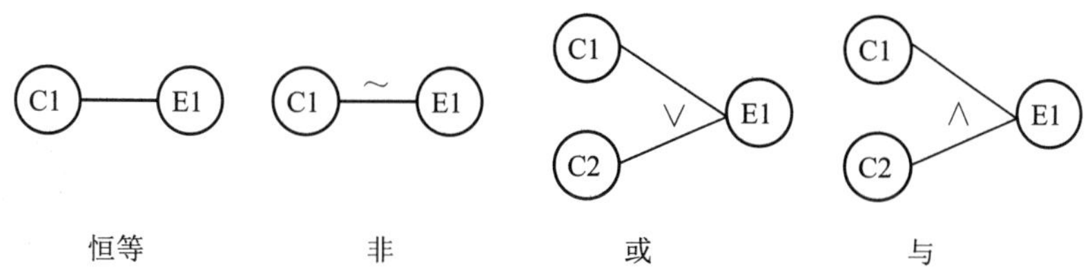

图 1-12　因果图中表示因果关系的 4 种基本符号

在因果图的基本符号中，左节点 Ci 表示输入状态（或称原因），右节点 Ei 表示输出状态（或称结果）。Ci 与 Ei 取值为 0 或 1，0 表示某状态不出现，1 则表示某状态出现。

恒等：若 C1 是 1，则 E1 也为 1，否则 E1 为 0。

非：若 C1 是 1，则 E1 为 0，否则 E1 为 1。

或：若 C1 或 C2 是 1，则 E1 为 1，否则 E1 为 0。

与：若 C1 和 C2 都是 1，则 E1 为 1，否则 E1 为 0。

2. 因果图中的约束

在实际问题中，输入状态相互之间、输出状态相互之间可能存在某些依赖关系，称为“约束”。对于输入条件的约束有 E、I、O、R 四种，对于输出条件的约束只有 M 一种。

E 约束（异）：a 和 b 中最多有一个可能为 1，即 a 和 b 不能同时为 1。

I 约束（或）：a、b、c 中至少有一个必须为 1，即 a、b、c 不能同时为 0。

O 约束（唯一）：a 和 b 必须有一个且仅有一个为 1。

R 约束（要求）：a 是 1 时，b 必须是 1，即 a 为 1 时，b 不能为 0。

M 约束（强制）：若结果 a 为 1，则结果 b 强制为 0。

因果图中用来表示约束关系的约束符号如图 1-13 所示。

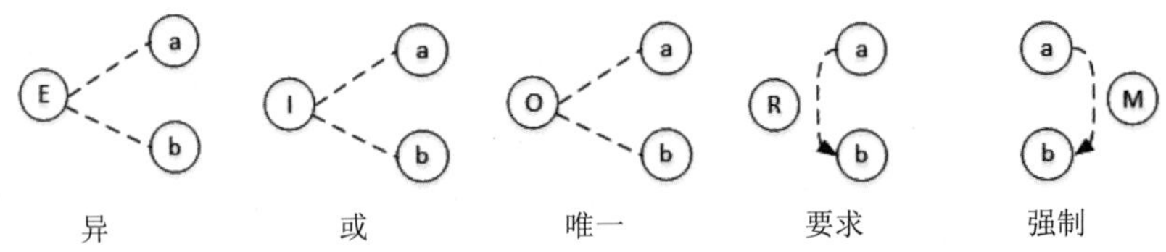

图 1-13　因果图中的约束符号

三、因果图法设计测试用例的基本步骤

因果图法设计测试用例的基本步骤如下：

（1）分析软件规格说明中哪些是原因（即输入条件或输入条件的等价类），哪些是结果（即输出条件），并给每个原因和结果赋予一个标识符。

（2）分析软件规格说明中的语义，找出原因与结果之间、原因与原因之间对应的关系，根据这些关系画出因果图。

（3）由于语法或环境的限制，有些原因与结果之间、原因与原因之间的组合情况不可能出现。为表明这些特殊情况，在因果图上用一些记号表明约束或限制条件。

（4）把因果图转换为决策表。

（5）根据决策表中的每一列设计测试用例。

任务实施

趣味英语页面跳转测试

1. 趣味英语页面跳转测试

（1）列出原因与结果，见表 1-21。

表 1-21　趣味英语页面跳转测试的原因与结果

原因	结果
C1：第一个字符是数字 1	E1：跳转到趣味英语测试界面
C2：第一个字符是数字 2	E2：提示“请输入 1 或者 2”
C3：第二个字符是英文字母	E3：提示“请输入英文字母”
	E4：直接清除信息，提示“重新输入”

（2）根据原因和结果画出因果图。因果图如图 1-14 所示。

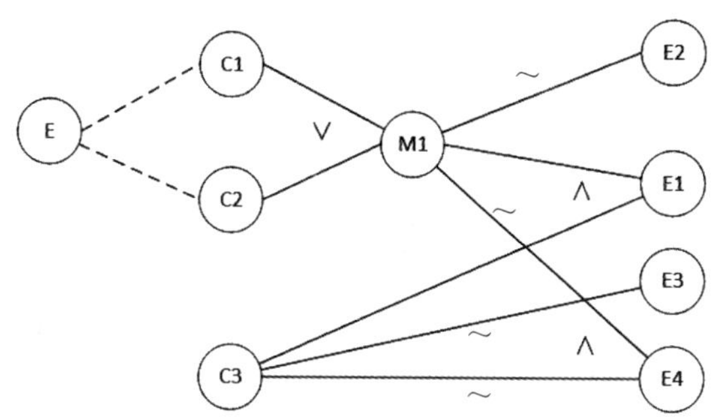

图 1-14　趣味英语页面跳转测试因果图

由于不能同时输入 1 和 2，因此将 C1 和 C2 加约束 E。M1 称之为中间结果，得到 C1 ∨ C2 的结果，即只要 C1 或者 C2 某一个为 1，M1 的结果就是 1，否则为 0。如果 C1 和 C2 同时为 0，则得到结果 E2。C3 为 0，则得到结果 E3。如果 C1 和 C2 同时为 0，C3 为 0，则得到结果 E4。如果输入 M1 为 1，C3 为 1，则得到结果 E1。

（3）根据因果图画出决策表。根据分析，得到决策表，见表 1-22。

表 1-22　趣味英语页面跳转测试决策表

选项规则		1	2	3	4	5	6	7	8
条件	C1	1	1	1	1	0	0	0	0
	C2	1	1	0	0	1	1	0	0
	C3	1	0	1	0	1	0	1	0
中间结果	M1			1	1	1	1	0	0
动作	E1			√		√			
	E2							√	
	E3				√		√		
	E4								√
	不可能	√	√						

（4）根据决策表设计测试用例。分析决策表 1-22，结合边界值法可以设计 6 个测试用例，如表 1-23 所列。

表 1-23　趣味英语页面跳转测试用例

用例编号	输入字符	预期结果
1	1a	跳转到趣味英语测试界面
2	1@	提示“请输入英文字母”
3	2z	跳转到英语测试界面
4	2!	提示“请输入英文字母”

续表

用例编号	输入字符	预期结果
5	ab	提示“请输入 1 或者 2”
6	A$	直接清除信息，提示“重新输入”

2. 奖学金等级测试

因果图法设计奖学金等级测试用例的步骤如下：

（1）列出原因和结果。分析程序的规格说明，列出原因和结果，见表 1-24。

表 1-24 奖学金等级测试的原因与结果

原因	结果
C1：学习成绩优秀	E1：甲等奖学金
C2：学习成绩良好	E2：乙等奖学金
C3：体育成绩优秀	E3：丙等奖学金
C4：体育成绩良好	

（2）画出因果图。找出原因与结果之间的因果关系、原因与原因之间的约束关系，可以得到如图 1-15 所示的因果图。图中左边表示原因，右边表示结果，编号为 M1 的中间结点是导出结果的进一步原因，表示体育成绩优秀或者良好。

考虑到原因 C1 和 C2 不可能同时为 1，即学习成绩不可能既是优秀又是良好，在因果图上可对其施加 E 约束。体育成绩不可能既是优秀又是良好，对 C3 和 C4 施加 E 约束，这样便得到了具有约束的因果图，如图 1-15 所示。

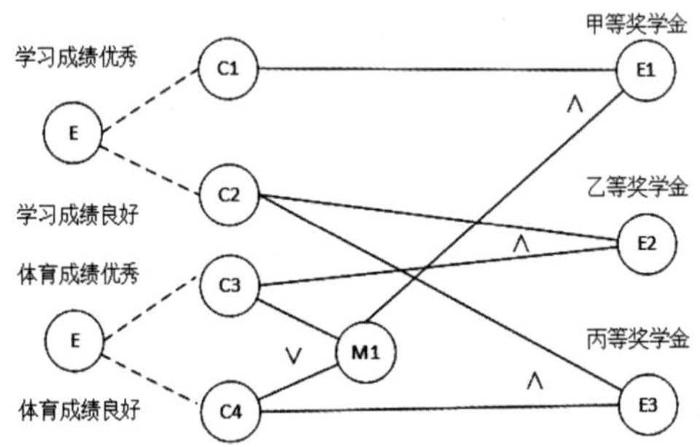

图 1-15 奖学金等级测试的因果图

（3）将因果图转换成决策表，见表 1-25。

表 1-25 奖学金等级测试的决策表

选项规则		1	2	3	4	5	6	7	8	9	10	11	12	13	14	15	16
条件	C1	1	1	1	1	1	1	1	1	0	0	0	0	0	0	0	0
	C2	1	1	1	1	0	0	0	0	1	1	1	1	0	0	0	0
	C3	1	1	0	0	1	1	0	0	1	1	0	0	1	1	0	0
	C4	1	0	1	0	1	0	1	0	1	0	1	0	1	0	1	0

续表

选项规则		1	2	3	4	5	6	7	8	9	10	11	12	13	14	15	16
中间结果	M1						1	1	1		1	1	1		0	0	0
	M2						1	1	0		1	1	0		1	1	0
动作	E1						1	1	0		0	0	0		0	0	0
	E2						0	0	0		1	0	0		0	0	0
	E3						0	0	0		0	1	0		0	0	0
	不可能	√	√	√	√	√				√				√			
测试用例							Y	Y	Y		Y	Y	Y		Y	Y	

决策表 1-25 中原因 C1 和 C2 同时为 1 是不可能的，C3 和 C4 同时为 1 也是不可能的，故不可能的情况有 7 种。在表 1-25 中标识了 8 个 Y，即设计 8 个测试用例就可以覆盖奖学金等级的测试。

【思考与练习】

理论题

使用因果图法设计测试用例的步骤是什么？

实训题

中国象棋问题。以中国象棋中马的走法为例，具体说明如下：

（1）如果落点在棋盘外，则不移动棋子。

（2）如果落点与起点不构成日字形，则不移动棋子。

（3）如果落点处有自己方棋子，则不移动棋子。

（4）如果在落点方向的邻近交叉点有棋子（绊马腿），则不移动棋子。

（5）如果不属于上述（1）至（4）条，且落点处无棋子，则移动棋子。

（6）如果不属于上述（1）至（4）条，且落点处为对方棋子（非老将），则移动棋子并除去对方棋子。

（7）如果不属于上述（1）至（4）条，且落点处为对方老将，则移动棋子，并提示战胜对方，游戏结束。

使用因果图法画出因果图并设计相应的测试用例。

任务 5　场景法

任务描述

在开发软件项目时，常常会使用用例图来表示各个角色与系统的关系，用例是角色执行的操作，一系列的操作就构成了一个事件，事件触发时的情景便形成了场景，而同一事件不同的触发顺序和处理结果就形成了事件流。场景法就是根据不同事件流来设计测试用例。本任务的主要目标：能根据场景法对典型问题分析出事件流（基本流与备选流），并设计出具体的测试用例。

任务要求

用场景法为顾客在线购买商品的操作设计测试用例，如图 1-16 所示。

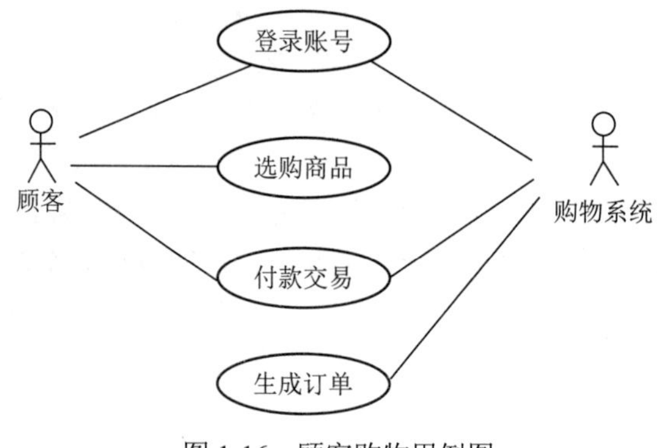

图 1-16　顾客购物用例图

知识链接

一、场景法概述

用例场景用来描述流经用例的路径，从用例开始到结束遍历这条路径上所有的基本流和备选流。

1. 基本流和备选流

图 1-17 中经过用例的每条不同路径都反映了基本流和备选流，都用箭头来表示。基本流用直黑线来表示，是经过用例的最简单的路径。

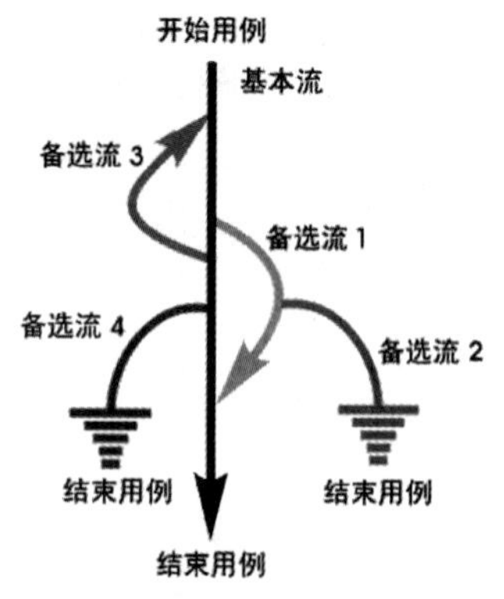

图 1-17　基本流和备选流

每个备选流自基本流开始之后会在某个特定条件下执行。备选流的走线用不同的颜色表示。一个备选流可能从基本流开始，在某个特定条件下执行，然后重新加入基本流中（如备选流 1 和 3）；也可能起源于另一个备选流（如备选流 2），或者终止用例而不再重新加入到某个流（如备选流 2 和备选流 4）。

2. 场景

遵循图 1-17 中每个经过用例的可能路径，可以确定不同的用例场景。从基本流开始，再将基本流和备选流结合起来，确定场景，如表 1-26 所列。

表 1-26　确定的场景

场景	路径
场景 1	基本流
场景 2	基本流、备选流 1
场景 3	基本流、备选流 1、备选流 2
场景 4	基本流、备选流 3
场景 5	基本流、备选流 3、备选流 1
场景 6	基本流、备选流 3、备选流 1、备选流 2
场景 7	基本流、备选流 4
场景 8	基本流、备选流 3、备选流 4

注：为方便起见，场景 5、6 和 8 只描述了备选流 3 指示的循环执行一次的情况。

二、场景法的设计步骤

场景法的设计步骤如下：

（1）根据说明，描述出程序的基本流及各项备选流。

（2）根据基本流和各项备选流生成不同的场景。

（3）根据场景生成具体的场景矩阵。

（4）根据场景矩阵生成相应的测试用例。

（5）对生成的所有测试用例重新复审，去掉多余的测试用例，测试用例确定后，对每一个测试用例确定测试数据值。

任务实施

顾客购买商品流程测试

1. 顾客购买商品流程测试

顾客购买商品流程测试步骤如下：

（1）基本流分析。本用例的开端是购物系统正常运行，接着开始执行如下的操作。

1）顾客选购商品。顾客输入购物网站地址，将要购买的商品加入购物车。

2）验证账户。顾客用账户信息登录购物网站，购物系统验证顾客账号与密码，如果已经注册且账户信息正确则登录成功。

3）付款选项。付款选项可以选择微信、支付宝、云闪付、Apple Pay、银联卡等方式。

4）授权交易。购物系统通过将账户信息以及金额作为一笔交易发送给支付系统来启动验证过程。对于此事件流，支付系统需处于联机状态，而且对授权请求给予答复，批准完成付款过程。

5）交易信息。如果付款成功，支付系统会自动发送交易信息给顾客。

6）生成订单。交易成功后，购物系统自动生成订单，顾客可以查看交易的详细信息。

7）卖家发货。订单生成后，卖家发货给顾客。

8）买家收货。买家收货，确认订单，并对该笔交易作出评价。

9）用例结束。

（2）备选流分析。备选流的分析见表 1-27。

表 1-27　备选流

备选流	描述
备选流 1：账户无效	在基本流步骤 2 中，顾客选购好商品，用账户登录，如果输入的账户无效，则只能重新输入账户
备选流 2：支付系统无效	在基本流步骤 4 中，如果授权的支付系统不支持，则只能重新进入步骤 3，选择另外的付款选项
备选流 3：支付密码输入错误	在基本流步骤 4 中，如果在支付的时候，忘记支付密码或者输入错误，只能返回到基本流步骤 3 中，重新选择付款选项，再次进行授权交易
备选流 4：支付账户金额不足	在基本流步骤 4 中，如果在支付的时候，顾客的支付账户余额不足，只能返回到基本流步骤 3 中，选择另外的付款选项，重新授权交易
备选流 5：达到每日最大的交易金额	在基本流步骤 4 中，如果在支付的时候，顾客已达到当日最大支付金额，则只能选择让其他人代付或者次日付款
备选流 6：无法生成订单	在基本流步骤 6 中，如果选购的商品刚好被其他人买走（如每年的“双 11”，大家都在抢购同一商品），则无法生成订单，应取消交易

经过分析，还有网络瘫痪、停电、APP 闪退等意外情况的发生，其他备选流的描述见表 1-28。

表 1-28　推测的备选流

备选流	描述
备选流 x：网络瘫痪	在付款的时候，有可能会遇到网络拥堵的情况，比如“双 11”，长时间无法付款
备选流 y：停电	如果顾客在交易的时候用的是 PC 端，可能遇到停电的情况，无法完成交易
备选流 z：APP 闪退	顾客在使用 APP 交易的时候，有可能碰到 APP 闪退的情况，无法完成交易

（3）简化基本流与备选流。根据对基本流与备选流的分析，将其简化后如下所示。

基本流：

- 选购好商品。
- 账户正确性验证。
- 授权交易。

- 生成订单。
- 卖家发货。
- 买家收货。
- 交易结束。

备选流 1：账户无效。

备选流 2：支付系统无效。

备选流 3：支付密码输入错误。

备选流 4：支付账户金额不足。

备选流 5：达到每日最大的交易金额。

备选流 6：无法生成订单。

（4）生成场景。根据基本流与备选流生成场景，见表 1-29。

表 1-29　场景

场景	基本流	备选流
场景 1：成功的购物	基本流	
场景 2：账户无效	基本流	备选流 1
场景 3：支付系统无效	基本流	备选流 2
场景 4：支付密码输入错误	基本流	备选流 3
场景 5：支付账户金额不足	基本流	备选流 4
场景 6：达到每日最大的交易金额	基本流	备选流 5
场景 7：无法生成订单	基本流	备选流 6

（5）场景矩阵。根据场景生成场景矩阵，见表 1-30。

表 1-30　场景矩阵

用例 ID	场景 / 条件	登录账号	登录密码	付款金额	支付密码	账户金额	预期结果
TEST1	场景 1：成功的购物	V	V	V	V	V	成功的购物
TEST2	场景 2：账户无效	I	I	I	V	V	警告信息，用例结束
TEST3	场景 3：支付系统无效	V	V	V	I	V	警告信息，返回基本流步骤，重新选择付款选项
TEST4	场景 4：支付密码输入错误	V	V	V	I	V	警告信息，返回基本流步骤，重新选择付款选项
TEST5	场景 5：支付账户金额不足	V	V	V	V	I	警告信息，返回基本流步骤，重新选择付款选项

续表

用例 ID	场景 / 条件	登录账号	登录密码	付款金额	支付密码	账户金额	预期结果
TEST6	场景 6：达到每日最大的交易金额	V	V	I	V	V	警告信息，用例结束
TEST7	场景 7：无法生成订单	V	V	I	V	V	警告信息，用例结束

注：V 表示有效（Valid）；I 表示无效（Invalid）。

在表 1-30 的矩阵中，测试用例 TEST1 称为正面测试用例。它一直沿着用例的基本流路径执行，未发生任何偏差。基本流的全面测试必须包括负面测试用例，以确保只有在符合条件的情况下才执行基本流。这些负面测试用例用 TEST2 ～ TEST7 表示。

（6）场景法步骤。假设登录的账号为 56573583@qq.com；密码 Zxr12345 是正确的账户信息；支付密码 212345 是正确的支付信息。根据场景矩阵设计的测试用例见表 1-31。

表 1-31　测试用例

用例 ID	场景 / 条件	登录账号	登录密码	付款金额	支付密码	账户金额	预期结果
TEST1	场景 1：成功的购物	56573583@qq.com	Zxr12345	500	212345	20000	成功的购物
TEST2	场景 2：账户无效	5573583@qq.com	123456			2000	警告信息，用例结束
TEST3	场景 3：支付系统无效	56573583@qq.com	Zxr12345	500		20000	警告信息，返回基本流步骤，重新选择付款选项
TEST4	场景 4：支付密码输入错误	56573583@qq.com	Zxr12345	500	221133	20000	警告信息，返回基本流步骤，重新选择付款选项
TEST5	场景 5：支付账户金额不足	56573583@qq.com	Zxr12345	500	212345	1000	警告信息，返回基本流步骤，重新选择付款选项
TEST6	场景 6：达到每日最大的交易金额	56573583@qq.com	Zxr12345	1000	212345	1000	警告信息，用例结束
TEST7	场景 7：无法生成订单	56573583@qq.com	Zxr12345	1000		20000	警告信息，用例结束

【思考与练习】

理论题

使用场景法设计测试用例的步骤是什么？

实训题

请用场景法为支付宝的操作设计测试用例，用例图如图 1-18 所示。

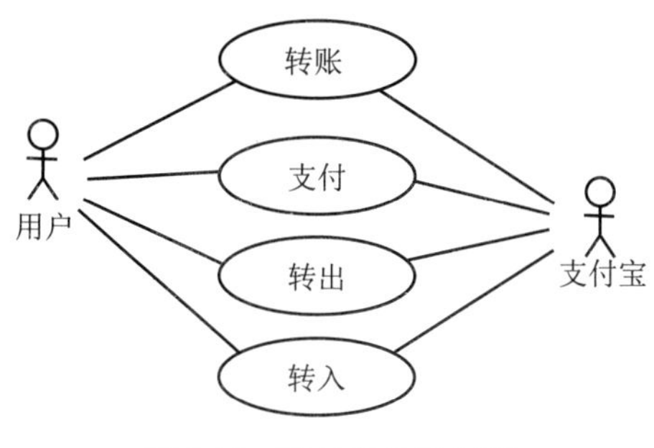

图 1-18　支付宝操作实例

任务 6　正交实验法

任务描述

正交实验法是从大量的试验数据中挑选适量的、有代表性的点，从而合理地安排测试。首先需要根据问题分析出因素数与水平数，选择对应的正交表，再将因素数与水平数映射到正交表，每一行即可设计成一个测试用例。本任务的主要目标：能根据正交实验法对典型问题设计出具体的测试用例。

任务要求

1. 登录界面测试

登录界面如图 1-19 所示，测试的控件有 3 个：学工号 / 游客手机号、密码、验证码。利用正交实验法为其设计测试用例。

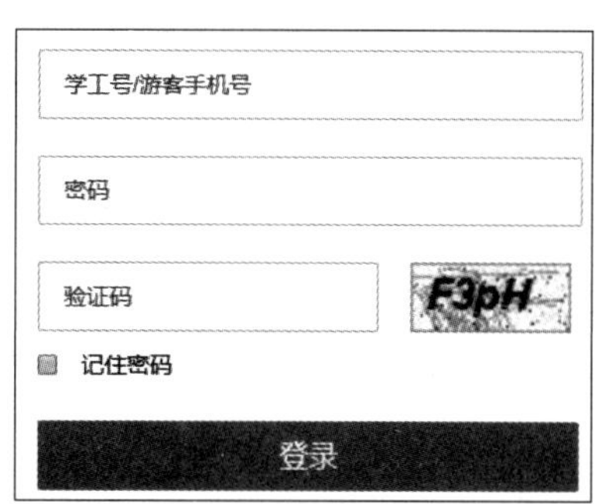

图 1-19　登录界面

2. 在线考试系统界面测试

某公司开发了一个在线考试系统，现对界面的显示进行测试，需要考虑到如下的因素：

（1）浏览器：Internet Explorer 11、FireFox、Google Chrome、360 浏览器。

（2）显示器分辨率：1920×1080、1366×768、1280×1024、1024×768。

（3）缩放与布局百分比：100%、125%、150%。

（4）操作系统：Windows 10、Windows 7。

利用正交实验法对界面的测试设计测试用例。

知识链接

一、正交实验法概述

正交实验法也称为正交实验设计法，是一种多快好省地安排和分析多因素试验的科学方法。它是应用正交性原理，从大量的试验中挑选适量的具有代表性、典型性的试验点，根据“正交表”来合理安排试验的一种科学方法。

正交实验法具有试验次数少、试验效率高、试验效果好及方法简单、使用方便、易于掌握等优点。

1. 正交实验法的常用术语

正交表记号 $L_x(m^y)$ 所表示的意思如下：字母 L 表示正交表；脚码 x 表示表中有 x 个横行，代表要试验的 x 个条件（即要作 x 次试验）；指数 y 表示表中有 y 个值列，每列可以考察一种因素，y 列最多可以考察 y 种因素；底数 m 表示每列中有 1,2,…,m 种数字，分别代表这列因素的状态 1，状态 2，…，状态 m。用这张表要求被考察的因素分为 m 种状态（水平）。

正交表是一个二维数字表格。用 L 表示正交表，其余术语如下：

- 行数（Rows）：正交表中行的个数，即试验的次数。
- 因子数（Factors）：正交表中列的个数。
- 水平数（Levels）：任何单个因素能够取得的值的最大个数。正交表中包含的值为从 0 到“水平数 -1”或从 1 到“水平数”

图 1-25 所示是一个 3 因素 2 水平的 4 行正交实验表，图 1-21 是一个 7 因素 2 水平 8 行的正交实验表。

2. 正交实验法的计算理论

行数为 mn 型的正交实验表中，试验次数（行数）$=\sum$(每列水平数 −1)+1

例：7 个 2 水平因子：7×(2-1)+1=8，即 $L_8(2^7)$

5 个 3 水平因子及一个 2 水平因子，表示为 $3^5\times2^1$，试验次数 = 5×(3-1)+1×(2-1)+1 = 12，即 $L_{12}(3^5\times2^1)$。

查找正交实验表的网址如下：

1）http://www.york.ac.uk/depts/maths/tables/orthogonal.htm。

2）http://support.sas.com/techsup/technote/ts723_Designs.txt。

如打开网址 1)，页面如图 1-20 所示，单击 L8，即可以查到对应的正交实验表，如图 1-21 所示。

Orthogonal Arrays (Taguchi Designs)

- L4: Three two-level factors
- L8: Seven two-level factors
- L9 : Four three-level factors
- L12: Eleven two-level factors
- L16: Fifteen two-level factors
- L16b: Five four-level factors
- L18: One two-level and seven three-level factors
- L25: Six five-level factors
- L27: Thirteen three-level factors
- L32: Thirty-two two-level factors
- L32b: One two-level factor and nine four-level factors
- L36: Eleven two-level factors and twelve three-level factors
- L50: One two-level factors at 2 levels and eleven five-level factors
- L54: One two-level factor and twenty-five three-level factors
- L64: Thirty-one two-level factors
- L64b: Twenty-one four-level factors
- L81: Forty three-level factors
- A Library of Orthogonal Arrays by N J A Sloane
- Table of Taguchi Designs

图 1-20　查看正交实验表

Experiment Number	Column 1	2	3	4	5	6	7
1	1	1	1	1	1	1	1
2	1	1	1	2	2	2	2
3	1	2	2	1	1	2	2
4	1	2	2	2	2	1	1
5	2	1	2	1	2	1	2
6	2	1	2	2	1	2	1
7	2	2	1	1	2	2	1
8	2	2	1	2	1	1	2

图 1-21　$L_8(2^7)$ 正交实验表

3. 正交实验设计

正交实验法是研究多因素、多水平的一种设计方法，它是根据正交性从全面试验中挑选出部分有代表性的点进行试验，如图 1-22 所示。这些有代表性的点具备了“均匀分散”“齐整可比”的特点，正交实验设计是一种基于正交表的，高效率、快速、经济的实验设计方法。

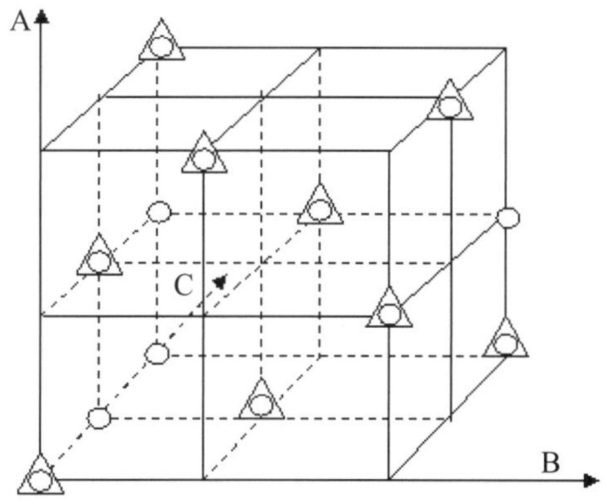

图 1-22　正交实验设计

根据图 1-22，选取具有代表性的点，构成 3 因素 3 水平的全面试验方案，见表 1-32。

表 1-32　3 因素 3 水平的全面试验方案

A 因素	B 因素	C1	C2	C3
A1	B1	A1B1C1	A1B1C2	A1B1C3
	B2	A1B2C1	A1B2C2	A1B2C3
	B3	A1B3C1	A1B3C2	A1B3C3
A2	B1	A2B1C1	A2B1C2	A2B1C3
	B2	A2B2C1	A2B2C2	A2B2C3
	B3	A2B3C1	A2B3C2	A2B3C3
A3	B1	A3B1C1	A3B1C2	A3B1C3
	B2	A3B2C1	A3B2C2	A3B2C3
	B3	A3B3C1	A3B3C2	A3B3C3

上述试验方案，保证了 A 因素的每个水平与 B 因素、C 因素的各个水平在试验中各搭配一次。对于 A、B、C 三个因素来说，是在 27 个全面试验点中选择 9 个试验点，仅是全面试验点的 1/3。

从图 1-22 中可以看到，9 个试验点在选优区中的分布是均衡的：在立方体的每个平面上都恰有 3 个试验点；在立方体的每条线上也恰有一个试验点。

9 个试验点均衡地分布于整个立方体内，有很强的代表性，能够比较全面地反映选优区内的基本情况。

二、正交实验法测试用例设计步骤

用正交表设计测试用例按照以下 4 个步骤进行。

1. 构造要因表

要因表的精确定义：与一个特定功能相关，由对该功能的结果有影响的所有因素及其状态值构造而成的一个表格。构成要因表需注意以下几点：

（1）一个要因表只与一个功能相关，多个功能需拆分成不同的要因表。这是因为“要因”与“功能”密切相关。不同功能具有不同的要因，某个因素对功能 F1 而言是要因，对于功能 F2 而言可能就不是要因。例如，在网上银行系统中，对于“登录”功能而言，“密码”是一个要因，但是对于“查询”功能而言，“密码”不是要因，因为在使用查询功能时，已经处于登录状态了。此外，要因的状态也是和功能密切相关的，即同一因素是不同功能的要因，其相应的状态可能也是不同的。例如，对于“登录”功能而言，“密码”要因的状态可以为正确密码或错误密码；对于“重置”功能而言，“密码”要因的状态可以为非空或空。因此在设计要因表时，应当一个功能设计一个要因表。

（2）要因指对功能输出有影响的所有因素。一个因素 C 是否为某一功能 F 的充分必要条件是“如果 C 发生变化，则 F 的结果也发生变化”。这个规则可以指导分析、判断某个功能的因子。因子通常从功能所对应的输入、前提条件等中提取。

（3）要因的状态值是指要因的可能取值。其划分采用等价类和边界值等方法，其中等价类包含有效等价类和无效等价类。

在对因子的状态进行划分后，应当将每个因子的状态分为两类：第一类状态的状态之间属于有效等价类关系，即每个状态代表了因子的一类取值，它们之间无重复，这类状态和其他因子之间一般存在较紧密的关联。第二类状态是所有第一类状态以外的状态，它们一般是因子的无效等价类状态或者边界值状态，边界值状态和无效等价类状态是第一类状态的补充。在对状态进行分类时，如果不清楚某一状态究竟该如何分类，可以将其归入第一类，这样做会导致用例数量增加，但不会造成用例遗漏。

对于第二类状态值，因为其为无效等价类或者是边界值类型，因而不考虑其组合的情形，只需要测试用例对其形成覆盖即可，主要用以验证功能模块的健壮性。具体方法：设计一个新的测试用例，使它仅覆盖一个尚未覆盖的第二类状态值，其余的因子选择第一类状态值。重复这一步骤，直到所有的第二类状态值均被测试用例所覆盖。

2. 选择一个合适的正交表

对于第一类状态值，利用正交实验法设计测试用例。

对于第一类状态值，因其全部是有效等价类，这类状态和其他因子之间一般存在着紧密的关联，不同组合间可能对应于不同的业务逻辑，因而测试用例最好能够覆盖各种组合形式。为了减少测试用例数量，同时保证覆盖率，采用正交实验法进行组合。这里需要注意的是，在选择正交表时不考虑要因表中第一类的状态只有一个因子的情况。根据其余的因子状态，选定合适的正交表，映射正交表得到有效测试用例；在选择正交表时，应当保证要因表因子数和状态数分别小于或等于所选正交表的因子数和水平数，同时正交表的行数最少。

3. 把变量的值映射到表中

要因表和待选正交表之间有以下两种可能。

（1）要因表因子数和状态数与待选正交表的因子数和水平数正好相等，这种情形下直接映射。

例如，要因表中有 3 个因素，每个因素有两个状态，选择正交表并映射，如图 1-23 所示。

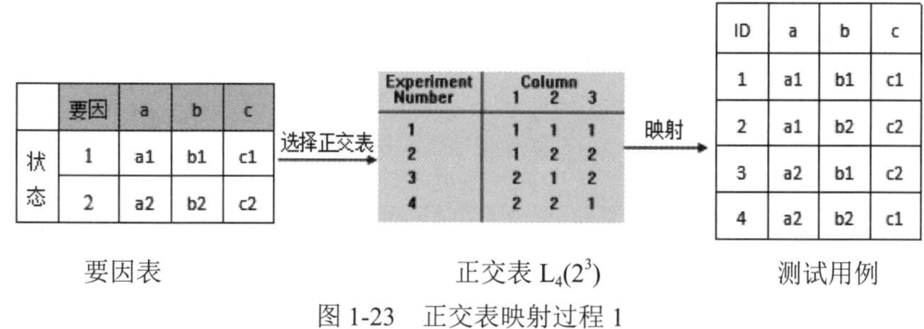

图 1-23　正交表映射过程 1

（2）要因表因子数小于待选正交表的因子数，这种情形下将待选正交表裁减，即去掉部分因子后再映射。

例如，要因表中有 5 个因素，每个因素有两个状态，选择正交表并映射，如图 1-24 所示。

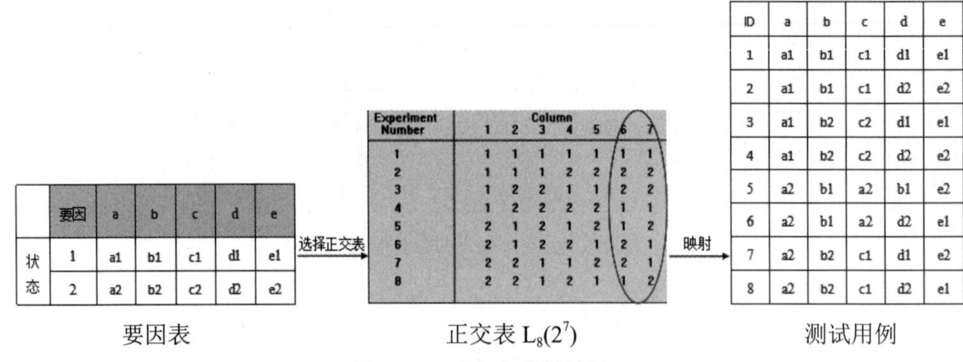

	要因	a	b	c	d	e
状态	1	a1	b1	c1	d1	e1
	2	a2	b2	c2	d2	e2

Experiment Number	Column 1	2	3	4	5	6	7
1	1	1	1	1	1	1	1
2	1	1	1	2	2	2	2
3	1	2	2	1	1	2	2
4	1	2	2	2	2	1	1
5	2	1	2	1	2	1	2
6	2	1	2	2	1	2	1
7	2	2	1	1	2	2	1
8	2	2	1	2	1	1	2

ID	a	b	c	d	e
1	a1	b1	c1	d1	e1
2	a1	b1	c1	d2	e2
3	a1	b2	c2	d1	e1
4	a1	b2	c2	d2	e2
5	a2	b1	a2	b1	e2
6	a2	b1	a2	d2	e1
7	a2	b2	c1	d1	e2
8	a2	b2	c1	d2	e1

图 1-24　正交表映射过程 2

因为没有完全匹配的正交表，故将所选正交表中最后两列裁剪掉。

（3）要因表状态数小于待选正交表的水平数，这种情形下将待选正交表多出来的水平的位置用对应因子的水平值均匀分布。

4. 编写测试用例并补充测试用例

把每一行的各因素水平的组合作为一个测试用例，并补充认为可疑且没有在正交表中出现的组合所形成的测试用例。

任务实施

1. 登录界面测试

登录界面测试步骤如下所述。

（1）确定因素数与水平数。登录界面要测试的控件有 3 个，也就是要考虑的因素有 3 个：学工号、密码、验证码。每个因素里的状态有两个：正确与错误。

经过上述分析，有 3 个因素，每个因素有两个状态，即：

- 学工号：正确、错误。
- 密码：正确、错误。
- 验证码：正确、错误。

表中的因素数≥ 3，表中至少有 3 个因素的水平数≥ 2，行数取最少的一个，则选取 3 因素 2 水平，行数即为 3×(2-1)+1=4，即结果是 $L_4(2^3)$。查阅正交实验表网站，选择如图 1-25 所示的正交实验表。

Experiment Number	Column 1	2	3
1	1	1	1
2	1	2	2
3	2	1	2
4	2	2	1

图 1-25　3 因素 2 水平正交实验表

（2）变量映射。

- 学工号：1 为正确，2 为错误。
- 密码：1 为正确，2 为错误。
- 验证码：1 为正确，2 为错误。

映射的结果见表 1-33。

表 1-33　正交表映射

因子数		学工号	密码	验证码
行数	1	正确	正确	正确
	2	正确	错误	错误
	3	错误	正确	错误
	4	错误	错误	正确

（3）设计测试用例。根据表 1-23，设计的测试用例如下：

- 学工号正确、密码正确、验证码正确。
- 学工号正确、密码错误、验证码错误。
- 学工号错误、密码正确、验证码错误。
- 学工号错误、密码错误、验证码正确。

根据具体情况，增补一个测试用例：

- 学工号错误、密码错误、验证码错误。

从测试用例可以看出：如果按每个因素两个水平数来考虑的话，需要 2^3=8 个测试用例，而通过正交实验法进行的测试用例只有 5 个，大大减少了测试用例数。实现了用最小的测试用例集合去获取最大的测试覆盖率。

2. 在线考试系统界面测试

在线考试系统界面测试

- 浏览器：Internet Explorer 11、FireFox、Google Chrome、360 浏览器。
- 显示器分辨率：1920×1080、1366×768、1280×1024、1024×768。

- 缩放与布局百分比：100%、125%、150%。
- 操作系统：Windows 10、Windows 7。

（1）确定因素数与水平数。根据分析，被测项目中一共有 4 个被测对象：浏览器、显示器分辨率、缩放与布局百分比、操作系统。每个被测对象的状态都不一样，确定是 4 因素 4 水平。

- 表中的因素数≥ 4。
- 表中至少有 4 个因素的水平数≥ 2。
- 行数取最少的一个。
- 最后选中正交表公式 $L_{16}(4^5)$，见表 1-34。

表 1-34　5 因素 4 水平正交实验表

ID	1	2	3	4	5
1	1	1	1	1	1
2	1	2	2	2	2
3	1	3	3	3	3
4	1	4	4	4	4
5	2	1	2	3	4
6	2	2	1	4	3
7	2	3	4	1	2
8	2	4	3	2	1
9	3	1	3	4	2
10	3	2	4	3	1
11	3	3	1	2	4
12	3	4	2	1	3
13	4	1	4	2	3
14	4	2	3	1	4
15	4	3	2	4	1
16	4	4	1	3	2

（2）正交表映射。

- 浏览器：Internet Explorer11、FireFox、Google Chrome、360 浏览器。
- 显示器分辨率：1920×1080、1366×768、1280×1024、1024×768。
- 缩放与布局百分比：100%、125%、150%。
- 操作系统：Windows 10、Windows 7。

将每个因素的状态映射到表 1-34 的正交实验表中，打印出的正交表映射结果见表 1-35。

表 1-35　打印的正交表映射

ID	浏览器	显示器分辨率	缩放与布局百分比	操作系统	5
1	Internet Explorer 11	1920×1080	100%	Windows 10	1
2	Internet Explorer 11	1366×768	125%	Windows 7	2
3	Internet Explorer 11	1280×1024	150%	3	3
4	Internet Explorer 11	1024×768	4	4	4
5	FireFox	1920×1080	125%	3	4
6	FireFox	1366×768	100%	4	3
7	FireFox	1280×1024	4	Windows 10	2
8	FireFox	1024×768	150%	Windows 7	1

续表

ID	浏览器	显示器分辨率	缩放与布局百分比	操作系统	5
9	Google Chrome	1920×1080	150%	4	2
10	Google Chrome	1366×768	4	3	1
11	Google Chrome	1280×1024	100%	Windows 7	4
12	Google Chrome	1024×768	125%	Windows 10	3
13	360 浏览器	1920×1080	4	Windows 7	3
14	360 浏览器	1366×768	150%	Windows 10	4
15	360 浏览器	1280×1024	125%	4	1
16	360 浏览器	1024×768	100%	3	2

根据观察，第 5 列没有意义，直接去掉；缩放与布局百分比一列 4 没有值，可以均匀地将 150%、125% 与 100% 三个值将其填充满；操作系统一列 3 和 4 没有值，可以将 Windows 7 和 Windows 10 均匀地分布在这两个值上。得到的最终结果见表 1-36。

表 1-36　打印的最终正交表映射

ID	浏览器	显示器分辨率	缩放与布局百分比	操作系统
1	Internet Explorer 11	1920×1080	100%	Windows 10
2	Internet Explorer 11	1366×768	125%	Windows 7
3	Internet Explorer 11	1280×1024	150%	Windows 10
4	Internet Explorer 11	1024×768	100%	Windows 7
5	FireFox	1920×1080	125%	Windows 10
6	FireFox	1366×768	100%	Windows 7
7	FireFox	1280×1024	125%	Windows 10
8	FireFox	1024×768	150%	Windows 7
9	Google Chrome	1920×1080	150%	Windows 7
10	Google Chrome	1366×768	150%	Windows 10
11	Google Chrome	1280×1024	100%	Windows 7
12	Google Chrome	1024×768	125%	Windows 10
13	360 浏览器	1920×1080	100%	Windows 7
14	360 浏览器	1366×768	150%	Windows 10
15	360 浏览器	1280×1024	125%	Windows 7
16	360 浏览器	1024×768	100%	Windows 10

（3）设计测试用例。根据表 1-36 所列内容可以设计 16 个测试用例。表 1-37 给出了测试用例 1，表 1-38 给出了测试用例 2，可以依次按照表中的方法设计余下的 14 个测试用例。

表 1-37　在线考试系统界面测试用例 1

测试用例编号	OnlineTest_UI_001
测试项目	在线考试系统的界面显示测试
测试标题	界面正确性验证（设置固定的分辨率、缩放与布局百分比、操作系统与浏览器）
重要级别	中
预置条件	在线考试系统能正常打开
输入	分辨率为 1920×1080，缩放与布局百分比为 100%
操作步骤	1. 当前的操作系统是 Windows 10 2. 用 Internet Explorer 11 浏览器打开在线考试系统界面 3. 设置显示分辨率为 1920×1080 4. 设置缩放与布局百分比为 100% 5. 观察界面的显示情况
预期输出	界面显示正确，并能正常地操作，用户体验好。

表 1-38　在线考试系统界面测试用例 2

测试用例编号	OnlineTest_UI_002
测试项目	在线考试系统的界面显示测试
测试标题	界面正确性验证（设置固定的分辨率、缩放与布局百分比、操作系统与浏览器）
重要级别	中
预置条件	在线考试系统能正常打开
输入	分辨率为 1366×768，缩放与布局百分比为 125%
操作步骤	1. 当前的操作系统是 Windows 7 2. 用 Internet Explorer 11 浏览器打开在线考试系统界面 3. 设置显示分辨率为 1366×768 4. 设置缩放与布局百分比为 125% 5. 观察界面的显示情况
预期输出	界面显示正确，并能正常地操作，用户体验好

【思考与练习】

理论题

1. 利用正交法设计测试用例的步骤是什么？
2. 正交实验法的特点是什么？

实训题

支付宝转账操作

（1）己方账号：支付宝账号、借记卡账号。

（2）对方账号：同行账号、外行账号、支付宝账号。

（3）转账金额（元）：5000、255.5、0、1。

（4）账户余额：大于转账金额、等于转账金额、小于转账金额。

采用正交实验法设计测试用例。

任务 7 综合测试策略

任务描述

每种黑盒测试方法都有其各自的特点，在实际测试中，往往是综合使用各种方法才能有效地提高测试效率和测试覆盖率。

任务要求

修改密码界面如图 1-2 所示，利用黑盒测试的综合策略，对修改密码界面设计测试用例。

知识链接

一、其他测试方法

1. 特殊值测试

特殊值测试是最直观、运用最广泛的一种测试方法。当测试人员应用其专业领域知识的测试经验开发测试用例时，常常使用特殊值测试。特殊值测试不使用测试策略，只根据“最佳工程判断”设计测试用例。因此，特殊值测试特别依赖测试人员的能力。

特殊值测试非常有用。如果为 NextDate 函数定义特殊值测试用例，多个测试用例可能会涉及 2 月 28 日、2 月 29 日和闰年等特殊情况。尽管特殊值测试具有高度的主观性，特别依赖测试人员的能力，但是生成的测试用例集合具有更高的测试效率，更能有效地发现软件错误。

2. 错误推测法

错误推测法是基于经验和直觉推测程序中所有可能存在的各种错误，从而有针对性地设计测试用例的一种方法。

错误推测方法的基本思想是列举出程序中所有可能有的错误和容易发生错误的特殊情况，根据推测的情况选择测试用例。例如：在单元测试时曾列出的许多在模块中常见的错误、以前产品测试中曾经发现的错误等，这些就是经验的总结。

还有输入数据和输出数据为 0 的情况、输入表格为空格或输入表格只有一行等，这些都是容易发生错误的情况，可选择这些情况下的例子作为测试用例。

二、测试方法的选择

通常，在确定测试方法时，应遵循以下原则：

- 根据程序的重要性和一旦发生故障将造成的损失来确定测试等级和测试重点。
- 认真选择测试策略，以便尽可能少地使用测试用例，发现尽可能多的程序错误。因为一次完整的软件测试过后，如果程序中遗留的错误过多并且严重，则表明该次测试是不足的，而测试不足则意味着让用户承担隐藏错误带来的危险，但测试过度又会带来资源的浪费。因此，测试需要找到一个平衡点。
- 每种类型的软件都有各自的特点，每种测试用例设计的方法也有各自的特点。测试用例的设计方法不是单独存在的，具体到每个测试项目都会用到多种方法。在实际测试中，往往是综合使用各种方法才能有效地提高测试效率和测试覆盖率，这就需要认真掌握这些方法的原理，积累更多的测试经验，以便有效地提高测试水平。

图 1-26 给出了 6 种测试方法的测试用例数量与设计用例工作量的曲线图。

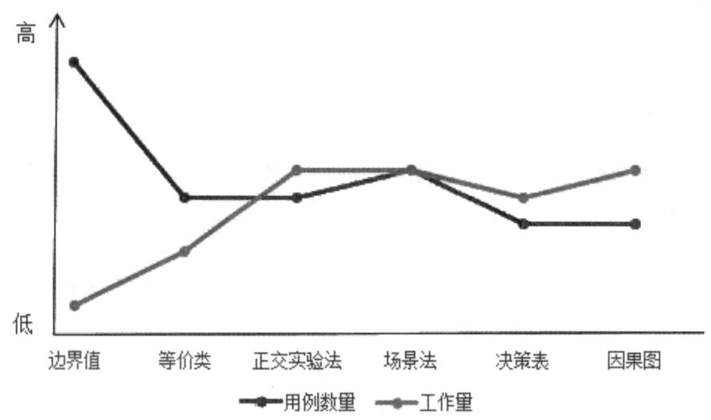

图 1-26　测试用例数量与设计测试用例工作量的曲线

边界值分析测试方法不考虑数据或逻辑依赖关系，它机械地根据各边界生成测试用例，故生成的测试用例最多；等价类划分测试方法则关注数据依赖关系和函数本身，需要借助于判断和技巧，考虑如何划分等价类，随后也是机械地从等价类中选取测试输入，生成测试用例；决策表技术最精细，它要求测试人员既要考虑数据，又要考虑逻辑依赖关系；因果图比决策表要复杂一些，需先画出因果图；场景法需要根据各种不同的情况设计场景再设计测试用例；正交实验法需要先分析因素数与水平数，选择正交表，然后再设计测试用例。

边界值分析测试方法使用简单，但会生成大量的测试用例，机器执行时间很长。如果将精力投入到更精细的测试方法，如决策表方法，则虽然测试用例生成花费了大量的时间，但生成的测试用例数少，机器执行时间短，这一点很重要，因为一般测试用例都要执行多次。测试方法研究的目的就是在开发测试工作量和测试用例执行工作量之间作一个令人满意的折中。

测试用例的设计方法不是单独存在的，具体到每个测试项目都会用到不同的方法，每种类型的软件都有各自的特点，每种测试用例设计的方法也有各自的特点，针对不同软件如何利用这些黑盒测试方法是非常重要的。在实际测试中，往往是综合使用各种方法才能有效地提高测试效率和测试覆盖率，这就需要认真掌握这些方法的原理，积累更多的测试经验以提高测试水平。

通常在确定测试策略时，有以下几条参考原则：

（1）进行等价类划分，包括输入条件和输出条件的等价类划分，将无限测试变成有限测试，这是减少工作量和提高测试效率最有效的方法。

（2）在任何情况下都必须使用边界值法。经验表明，用这种方法设计出的测试用例发现程序错误的能力最强。

（3）可以用错误推测法追加一些测试用例，这需要测试工程师的智慧和经验。

（4）对照程序逻辑，检查已经设计出的测试用例的逻辑覆盖程度，如果没有达到要求的覆盖标准，应当再补充足够的测试用例。

（5）如果程序的功能说明中含有输入条件的组合情况，则一开始就可以选用因果图法和决策表法。

（6）对于参数配置类的软件，要用正交实验法选择较少的组合方式达到最佳效果。

（7）如果在测试时有各种类型的情况发生，就要考虑场景法。

任务实施

修改密码界面测试

修改密码界面测试

修改密码界面的测试步骤如下：

（1）考虑等价类划分法。设计的等价类划分表见表 1-4。

（2）根据边界值法确定边界。新密码输入的边界为 5 位、6 位、7 位、19 位、20 位、21 位。

（3）根据错误推测法推测。当前密码不输入、新密码不输入或者确认密码不输入。

（4）界面当中的按钮测试。“取消”按钮测试，“保存”按钮测试。

根据以上 4 步，写出测试用例，见表 1-39。

表 1-39　修改密码测试用例

用例编号	测试标题	输入数据	预期输出
1	“修改密码”按钮功能测试	单击“修改密码”按钮	打开修改密码窗口
2	“取消”按钮功能检查	单击“取消”按钮	关闭修改密码窗口
3	输入正确的数据进行修改密码	当前密码：0002 新密码：qazwsx 确认密码：qazwsx	修改成功，关闭窗口
4	当前密码错误（不存在）进行修改密码	当前密码：00020 新密码：1478963251478 确认密码：1478963251478	修改失败，正确提示错误项目
5	当前密码错误（空）进行修改密码	当前密码： 新密码：1478963251478 确认密码：1478963251478	修改失败，正确提示错误项目
6	新密码错误（空）进行修改密码	当前密码：0002 新密码： 确认密码：1478963251478	修改失败，正确提示错误项目

续表

用例编号	测试标题	输入数据	预期输出
7	新密码错误（小于 6 位）进行修改密码	当前密码： 新密码：14789 确认密码：1478963251478	修改失败，正确提示错误项目
8	新密码错误（大于 20 位）进行修改密码	当前密码：0002 新密码：147896325147896325147 确认密码：147896325147896325147	修改失败，正确提示错误项目
9	新密码错误（含特殊字符）进行修改密码	当前密码：0002 新密码：123%^&**^&%$# 确认密码：123%^&**^&%$#	修改失败，正确提示错误项目
10	新密码错误（连续数字）进行修改密码	当前密码：0002 新密码：123456789 确认密码：123456789	修改失败，正确提示错误项目
11	新密码错误（相同数字）进行修改密码	当前密码：0002 新密码：1111111111111 确认密码：1111111111111	修改失败，正确提示错误项目
12	新密码错误（连续字母）进行修改密码	当前密码：0002 新密码：abcdefghijk 确认密码：abcdefghijk	修改失败，正确提示错误项目
13	新密码错误（相同字母）进行修改密码	当前密码：0002 新密码：aaaaaaaaaaaaa 确认密码：aaaaaaaaaaaaa	修改失败，正确提示错误项目
14	确认密码错误（空）进行修改密码	当前密码：0002 新密码：1478963251478 确认密码：	修改失败，正确提示错误项目
15	确认密码错误（与新密码不一致）进行修改密码	当前密码：0002 新密码：1478963251478 确认密码：1478963251471	修改失败，正确提示错误项目

【思考与练习】

理论题

黑盒测试方法选择的基本策略是什么？

实训题

资产借用登记测试

图 1-27 所示是资产管理系统资产借用登记界面，文字描述如下，请根据黑盒测试的综合测试策略设计测试用例。（注意，必填项使用红色星号“*”标注）

- 资产名称：必填项，默认为“请选择”，在下拉列表中进行选择（只能选择借出状态为“未借出”并且报废状态为“未报废”的资产）。
- 资产编码：默认为空，选择合适的资产名称后，由系统自动获取相应的资产编码。

- 借用部门：必填项，默认为“请选择”，在下拉列表中进行选择（取自部门字典）。
- 借用时间：必填项，为日历控件，时间默认为“今天”，可选择“今天以前”“今天”或“今天以后”。
- 借用原因：必填项，默认为空，字符长度限制在 200 个字（含）以内。
- 单击“确定”按钮，保存当前登记信息，系统自动生成资产借用单号（生成规则：“JY”+时间戳）；同时返回至列表页，在列表页新增一条记录，状态为“已借出”，操作栏显示“归还”按钮
- 单击“取消”按钮，不保存当前登记内容，返回至列表页。

图 1-27　资产借用登记界面

单元 2　测试项目管理

对一个软件项目的测试，第一是要理解《软件需求分析说明书》；第二是编写一个好的测试方案，合理地给团队成员分配任务，分析需要测试的项目的功能点；第三是要选择合适的黑盒测试方法，对测试的内容写出覆盖率较高的测试用例；第四是对测试出来的 Bug（缺陷）要编写缺陷报告提交给开发人员；最后要对软件项目的测试过程以及结果进行分析总结，写出功能测试总结报告。软件测试项目的主要流程如下：理解与分析《软件需求分析说明书》→编写功能测试方案→测试用例设计→执行测试→分析测试结果。

教学目标

- 理解与分析《软件需求分析说明书》
- 掌握功能测试方案的编写方法
- 掌握测试用例的设计方法
- 掌握缺陷报告的提交与管理方法
- 掌握功能测试总结报告的编写方法

任务 1　理解与分析《软件需求分析说明书》

任务描述

《软件需求分析说明书》是用户和软件开发人员达成的技术协议书，是程序员着手进行程序设计工作的基础和依据，系统开发完成以后，为产品的验收提供了依据。软件测试工程师根据《软件需求分析说明书》对软件系统进行测试，对于未能达到说明书中要求的界面、功能以 Bug 形式提交给开发人员进行完善。因此，充分理解《软件需求分析说明书》对于测试人员来说非常重要，对于保证软件系统的质量有很大的作用。

任务要求

理解与分析资产管理系统的需求分析说明书。

知识链接

一、软件测试与软件工程的关系

1. 软件工程的定义

在 NATO 会议上，软件工程被定义为："为了经济地获得可靠的和能在实际机器上高效运行的软件，而建立和使用的健全的工程原则。"

软件工程学是将计算机科学理论与现代工程方法论相结合，围绕软件生产过程自动化和软件产品质量保证，展开对软件生产方式、生产管理、开发方法、生产工具系统和产品质量保证的系统研究。

2. 软件测试

软件测试就是在软件投入运行前，对软件需求分析、设计规格说明和编码实现的最终审查，它是软件质量保证的关键步骤。软件测试是指为了发现程序的错误而执行程序的过程。要发现程序的错误就必须根据一定的原则和方法设计测试用例，执行测试用例，进而找到缺陷，提交给开发人员进行修复。

3. 软件测试与软件工程的关系

软件开发过程是一个自顶向下、逐步细化的过程，而测试过程则是依相反的顺序安排的，是自底向上、逐步集成的过程，低一级测试为上一级测试准备条件。首先对每一个程序模块进行单元测试，消除程序模块内部在逻辑上和功能上的错误和缺陷；再对照软件设计说明进行集成测试，检测和排除子系统（或系统）结构上的错误；随后再对照需求进行确认测试；最后从系统整体出发，运行系统，检查其功能是否满足要求。一般来说，软件测试与软件开发各阶段的关系如图 2-1 所示（图中虚线表示逆向过程）。

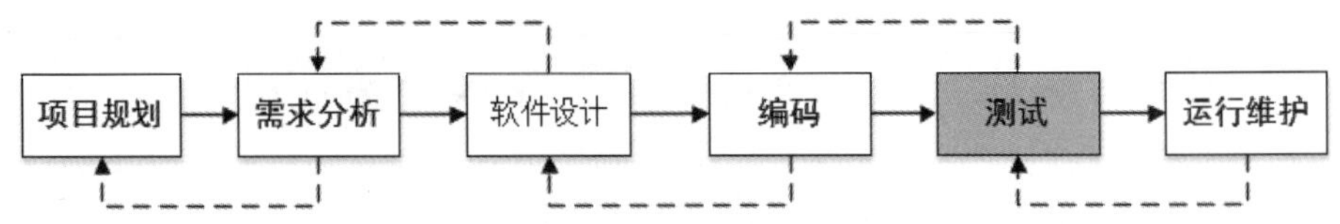

图 2-1　软件测试与软件开发各阶段的关系

（1）项目规划阶段。确定待开发软件系统的总体目标，对其进行可行性分析并对资源分配、进度安排等做出合理的计划。

（2）需求分析阶段。确定待开发软件系统的功能、性能、数据、界面等要求，从而确定系统的逻辑模型。

（3）软件设计阶段。软件设计是软件工程的技术核心。软件设计可分为概要设计和详细设计。概要设计的任务是进行模块分解，确定软件的结构、模块的功能和模块间的接口以及全局数据结构的设计；详细设计的任务是设计每个模块的实现细节和局部数据结构。

（4）编码阶段。编码阶段由开发人员进行自己负责部分的测试代码。当项目较大时，由专人进行编码阶段的测试任务。

（5）测试阶段（单元、集成、系统测试等）。测试阶段依据测试代码进行测试，并提交测试状态报告和测试结果报告。在软件的需求得到确认并通过评审后，概要设计和测试计划制订就要并行进行。如果系统模块已经建立，对各个模块的详细设计、编码单元测试等工作可并行。待每个模块建立完成后，可以进行集成测试、系统测试等。

（6）运行维护阶段。已交付的软件在投入使用之后，可能由于多方面的原因（如环境的变化、功能的增加或者运行中出现的缺陷等）要进行修改。

软件测试与软件开发的关系可以用 W 模型来表示，如图 2-2 所示。从图 2-2 中可以看出，测试伴随着整个软件的开发周期，而且测试的对象不仅仅是程序，需求、功能和设计同样要进行测试，测试与开发是同步进行的，这样有利于尽早地发现问题。

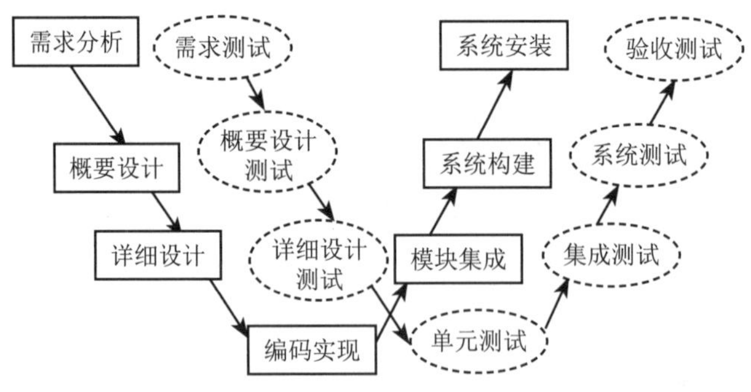

图 2-2　软件测试与软件开发的 W 模型

二、软件测试阶段

（1）单元测试。单元测试是对软件中的基本组成单位进行的测试，如一个模块、一个过程等。它是软件动态测试的最基本的部分，也是最重要的部分之一，其目的是检验软件基本组成单元的正确性。因为单元测试需要知道内部程序设计和编码的细节知识，一般应由程序员而非测试员来完成，往往需要开发测试驱动模块和桩模块来辅助完成单元测试。因此，应用系统有一个设计很好的体系结构就显得尤为重要。

一个软件单元的正确性是相对于该单元的规约而言的。因此，单元测试以被测试单位的规约为基准。单元测试的主要方法有控制流测试、数据流测试、排错测试及分域测试等。

（2）集成测试。集成测试是在软件系统集成过程中所进行的测试，其主要目的是检查软件单元之间的接口是否正确。它根据集成测试计划，一边将模块或其他软件单位组合成越来越大的系统，一边运行该系统，以分析所组成的系统是否正确，各组成部分是否合拍。集成测试的策略主要有自顶向下和自底向上两种。

（3）系统测试。系统测试是对已经集成好的软件系统进行彻底的测试，以验证软件系统的正确性及性能等是否满足其规约所指定的要求，检查软件的行为和输出是否正确并非一项简单的任务，它被称为测试的“先知者问题”。因此，系统测试应该按照测试计划进行，其输入、输出和其他动态运行行为应该与软件规约进行对比。软件的系统测试方法很多，主要有功能测试、性能测试和随机测试等。

（4）验收测试。验收测试旨在向软件的购买者展示该软件系统满足其用户的需求。它的测试数据通常是系统测试的测试数据的子集，所不同的是，验收测试常常有软件系统的购买者代表在现场，甚至是在软件安装使用的现场。这也是软件在投入使用之前的最后一项测试。

三、软件测试流程

1. 需求分析阶段

测试员在需求分析阶段开始介入，与开发人员一起了解项目的需求，站在用户的角度确定重点测试方向，包括分析测试需求文档，这个阶段要用到黑盒测试方法。

一般而言，需求分析包括软件功能需求分析、测试环境需求分析和测试资源需求分析等。其中，最基本的是软件功能需求分析，比如，采购服务系统需了解采购服务的流程。

2. 制订测试方案

测试人员首先对需求进行分析，最终定义一个测试集合，通过刻画和定义测试发现需求中的问题，然后根据软件需求同测试主管共同制订“测试方案”。

测试方案是一个关键的管理功能，它定义了各个级别的测试所使用的方法、测试环境、测试通过或失败准则等内容。测试方案的目的是为有效地完成测试提供一个基础。

3. 测试设计

按计划划分需要测试的子系统，设计测试用例及开发必要的测试驱动程序，同时准备测试工具：使用购买的商业工具或者自己部门设计的工具，准备测试数据及期望的输出结果。

其中最主要的工作是测试功能点的选取与测试用例编写两方面。一份好的测试用例对测试有很好的指导作用，能够发现软件存在的许多问题。

不同软件测试的功能点选取不同，比如对于一个学生成绩管理系统来说，应该重点测试教师成绩录入、学生成绩查询等方面；对于一个财务管理系统而言，应该重点测试财务流程；对于一个采购服务系统来说，应该重点测试采购流程，然后针对选取的功能点按照一定的方法进行测试用例的设计。

4. 执行测试

需要做的工作包括搭建测试环境、运行测试、记录测试结果、报告软件缺陷、跟踪软件缺陷以及分析测试结果，必要时进行回归测试。

从测试的角度而言，执行测试包括一个量和度的问题，也就是测试范围和测试程度的问题。比如，一个版本需要测试哪些方面？每个方面要测试到什么程度？

从管理的角度而言，在有限的时间内，在人员有限甚至短缺的情况下，要考虑如何分工，如何合理地利用资源来开展测试。

5. 测试分析报告

每个版本有每个版本的测试总结，每个阶段有每个阶段的测试总结。当项目完成提交给用户后，一般要对整个项目进行回顾总结，看有有哪些做得不足的地方，有哪些经验可以对今后的测试工作起借鉴作用等。

以上流程中各个环节并未包含软件测试过程的全部，如，根据实际情况还可以实施一些测试计划评审、用例评审、测试培训等。在软件正式发行后，当遇到一些严重问题时，还需要进行一些后续的维护测试等。

以上环节并不是独立没联系的，实际工作千变万化，各个环节有一些交织、重叠在所难免，比如编写测试用例的同时就可以进行测试环境的搭建工作，也可能由于一些需求不清楚而重新进行需求分析等，所以在实际工作测试过程中也要具体问题具体分析、具体解决。

四、《软件需求分析说明书》目录结构

需求分析说明书常见的目录结果如图 2-3 所示，也可以根据实际情况添加其他的内容。

1 引言
  1.1 编写目的
  1.2 项目背景
  1.3 名词和定义、首字母编写词和缩略语
  1.4 参考资料
2 项目概述
  2.1 建设目标
  2.2 技术要求
3 平台、角色和权限
4 功能模块需求
  4.1 模块 1
    4.1.1 业务描述
    4.1.2 需求描述
    4.1.3 行为人
    4.1.4 UI 页面
    4.1.5 业务规则
  4.2 模块 2
    4.2.1 业务描述
    4.2.2 需求描述
    4.2.3 行为人
    4.2.4 UI 页面
    4.2.5 业务规则

图 2-3 需求分析说明书常见的目录结构

任务实施

资产管理系统需求分析说明书

以下是资产管理系统需求分析说明书中与登录和个人信息管理两个模块相关的说明。

****

1 引言

1.1 编写目的

本文档将列举实现资产管理系统所需要的全部功能，并对每个功能给出简单的描述。

本文档的预期读者包括：最终用户、项目负责人、评审人员、产品人员、软件设计开发人员及测试人员。

1.2 项目背景

随着信息化时代的到来，通过计算机软件实现资产的电子化管理，提高资产管理软件的准确性、便捷查询和易于维护，进而提高工作效率，是每一个企业面临的挑战和需求。

1.3 名词和定义、首字母缩写词和缩略语

名词 / 缩略语的定义见表 2-1。

表 2-1 名词 / 缩略语的定义

名词 / 缩略语	解 释
ID	唯一标识码
UI	软件的人机交互界面

1.4 参考资料

无。

2 概述

2.1 建设目标

本项目的目标是建立符合一般企业实际管理需求的资产管理系统，对企业的资产信息进行精确的维护和有效服务，从而减轻资产管理部门从事低层次信息处理和分析的负担，解放管理员的“双手和大脑”，提高工作质量和效率。

2.2 技术要求

本项目软件系统平台将达到主流 Web 应用软件的水平。

（1）功能方面：满足业务逻辑各功能需求的要求。

（2）易用性方面：通过使用主流的浏览器 / 服务器架构，保证用户使用本系统的易用性良好。

（3）兼容性方面：通过系统设计以及兼容性框架设计，满足对主流浏览器兼容的要求。

（4）安全性方面：系统对敏感信息（例如用户密码）进行相关加密。

（5）UI 界面方面：界面简洁明快，用户体验良好，提示友好，必要的变动操作有“确认”环节等。

3 角色和权限

B/S 资产管理系统包含超级管理员和资产管理员两个角色。超级管理员主要维护一些通用的字典；资产管理员维护部门、人员信息，并进行资产的日常管理，资产管理系统的角色名称、模块菜单及功能见表 2-2。

表 2-2　资产管理系统的角色名称、模块菜单及功能

角色名称	模块菜单	功能项
超级管理员	个人信息	查看超级管理员角色相关信息，可修改手机号码
	资产类别	新增、修改、禁用、启用
	品牌	新增、修改、禁用、启用
	报废方式	新增、修改、禁用、启用
	供应商	新增、修改、禁用、启用、查询、查看详情
	存放地点	新增、修改、禁用、启用、查询、查看详情
	部门管理	新增、修改
	资产入库	入库登记、修改、查询
	资产借还	借用登记、归还、查询、查看借用单详情
	资产报废	报废登记、查询、查看报废详情、查看报废原因
资产管理员	个人信息	查看资产管理员角色相关信息，可修改手机号码
	资产类别	新增、修改、禁用、启用
	品牌	新增、修改、禁用、启用
	报废方式	新增、修改、禁用、启用
	供应商	查询、查看详情
	存放地点	查询、查看详情
	部门管理	新增、修改
	资产入库	入库登记、修改、查询
	资产借还	借用登记、归还、查询、查看借用单详情
	资产报废	报废登记、查询、查看报废详情、查看报废原因

4　功能模块需求

4.1　登录界面

4.1.1　业务描述

资产管理员、超级管理员需要通过登录界面进入资产管理系统，登录界面是进入该系统的唯一入口。

4.1.2　需求描述

资产管理员需要输入用户名、密码、任务 ID 和验证码，才能登录该系统。

4.1.3　行为人

资产管理员、超级管理员。

4.1.4　UI 界面

登录界面如图 2-4 所示。

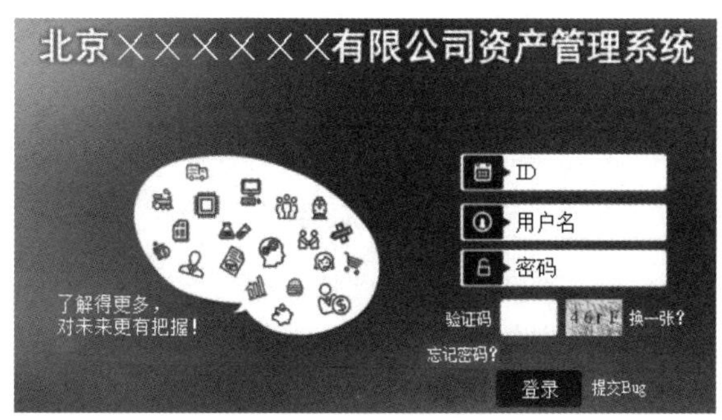

图 2-4　登录界面

4.1.5　业务规则

用户名为工号，资产管理员获得密码和任务 ID 后，分别输入至相应输入框，并输入验证码后面显示的数字或字母，单击“登录”按钮即可登录该系统。单击“换一张”按钮可更换验证码。用户名、密码、任务 ID 和验证码都输入正确才能登录成功，如图 2-4 所示。

4.2　个人信息管理

4.2.1　业务描述

登录系统后，资产管理员可以查看个人信息，包括姓名、手机号、工号等，其中手机号初始为空，资产管理员可以自行修改。资产管理员也可以修改登录密码和退出系统。

4.2.2　需求描述

- 个人信息查看：系统会显示资产管理员的姓名、手机号、工号、性别、部门、职位等信息。
- 手机号编辑：初始为空，登录后可以自行修改，只能输入以 1 开头的 11 位数字。
- 修改登录密码：修改登录密码，修改成功后下次登录生效。
- 退出系统：单击“退出”按钮，退回到登录界面，可以重新登录。

4.2.3　行为人

资产管理员、超级管理员。

4.2.4　UI 界面

图 2-5 和图 2-6 所示分别为个人信息界面和修改密码界面。

4.2.5　业务规则

登录后首先进入个人信息界面，界面标题行显示“当前位置：个人信息”，如图 2-5 所示。资产管理员能够在该界面查看个人的详细信息，其中姓名、工号、性别、部门和职位只能查看，不能修改，手机号初始为空，输入手机号后需要单击后面的“保存”按钮，资产管理员可以自行修改。只能输入以 1 开头的 11 位数字，输入其他字符不能编辑成功。

单击界面右上角的“修改密码”按钮，弹出修改密码界面，如图 2-6 所示，可以在此修改资产管理员的登录密码。需要输入当前密码、新密码及确认密码，这 3 个输入框不能为空，如果当前密码输入错误或新密码和确认密码不一致则密码不能修改成功。出于安全性考虑，新密码不能为连续或相同数字、英文字母。修改成功后下次登录需要使用新密码。

图 2-5　个人信息界面

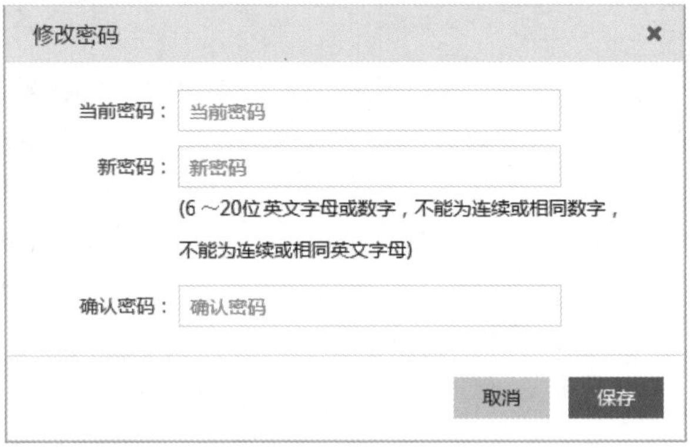

修改密码

当前密码：当前密码

新密码：新密码

(6～20位英文字母或数字，不能为连续或相同数字，不能为连续或相同英文字母)

确认密码：确认密码

取消　保存

图 2-6　修改密码界面

单击界面右上角的“退出”按钮，可以退出该系统，返回登录界面。如果再次登录，需要重新输入用户名、密码、任务 ID 和验证码。

****

【思考与练习】

理论题

1．什么是软件测试？

2．软件测试的分类有哪些？

3．软件测试的流程是什么？

实训题

自己选取一个已经开发完成的系统，阅读其需求分析说明书，查看其具体功能模块，分析哪些模块是应该重点测试的内容。

任务 2　编写功能测试方案

任务描述

编写功能测试方案的主要目的：要明确软件测试项目要测试的功能点、如何进行测试、测试人员如何进行分工以及测试要达到什么样的质量标准等。测试人员根据测试方案设计测试用例并执行测试。

任务要求

针对资产管理系统编写一个功能测试方案。

知识链接

一、软件测试的原则

软件测试经过几十年的发展，业界提出了很多软件测试的基本原则，为测试管理人员和测试人员提供了测试指南。软件测试原则非常重要，测试人员应该在测试原则的指导下进行测试活动。

软件测试的基本原则有助于测试人员进行高质量的测试，使测试人员尽早、尽可能多地发现缺陷，并跟踪和分析软件中的问题，对存在的问题和不足提出质疑和改进，从而持续改进测试过程。

1. 尽早开始测试

软件从需求、设计、编码、测试一直到交付用户公开使用，在这些过程中，都有可能产生或发现软件的缺陷。随着整个开发过程的时间推移，更正缺陷或修复问题的费用呈几何级数增长。如需求阶段的缺陷修复成本是代码阶段缺陷修复成本的 5 ～ 6 倍。因此，软件要尽早地且不断地进行测试，以提高软件质量，降低软件开发成本。

2. 注意错误的集群现象

Pareto 原则表明“80% 的错误集中在 20% 的程序模块中”，实际经验也证明了这一点，通常情况下，大多数的缺陷只是存在测试对象的极小部分。缺陷并不是平均分布，而是集群分布的。因此，如果在一个地方发现了很多缺陷，那么通常在这个模块中可以发现更多的缺陷。因此，测试过程中要充分注意错误集群现象，对发现错误较多的程序段或者软件模块应进行反复深入的测试。

3. 由专门的测试团队进行测试

由于开发人员心理的因素，如对自己编写的代码的偏爱，觉得自己开发的产品是最棒的，潜意识作用下开发人员不易找出软件中的缺陷，或者会忽略一些重要的缺陷。因此，测试最好交由专门的测试团队来进行。

4. 按照测试标准进行测试

软件测试一定要避免随意性。首先要选取测试项目中要重点测试的功能点，然后再根据一定的方法设计测试用例，每一条测试用例都应该有预期结果，按照预置的条件和输入的数据执行测试，用实际结果与预期结果进行对照，找出系统中存在的缺陷。

5. 规范测试过程

软件测试的每一个阶段都应该产生对应的文档。如需求测试、概要设计测试、详细设计测试、单元测试等，为维护软件系统提供重要的依据。

二、功能测试方案模板

功能测试方案主要包括：编写目的、测试范围、测试目的、测试任务分配、测试功能模块、测试进度的安排以及测试的相关风险分析等。

以下是一个功能测试方案的模板。

****

1　概述

1.1　编写目的

[说明编写本测试方案的目的和读者]

1.2　测试范围

[本测试报告的具体测试方向，根据什么测试，指出需要测试的主要功能模块]

1.3　项目背景

[项目背景说明]

2　测试任务

2.1　测试目的

[说明进行项目测试的目的或所要达到的目标]

2.2　测试参考文档

[本次测试的参考文档说明]

2.3　提交测试文档

[测试过程需提交文档说明]

3　测试资源

3.1　硬件配置

硬件配置见表 2-3。

表 2-3　硬件配置表

关键项	数量 / 个	配置
测试 PC 机（客户端）	3	
测试移动终端（移动客户端）	1	

3.2　软件配置

软件配置见表 2-4。

表 2-4　软件配置表

资源名称 / 类型	配置
操作系统环境	操作系统主要为 ×××
浏览器环境	主流浏览器有 ×××× 等，根据软件开发提供的依据决定此项
功能性测试工具	手工测试

3.3　人力资源分配

人力资源分配见表 2-5。

表 2-6　人力资源分配表

角色	人员（工位号）	主要职责
测试负责人	01_01	协调项目安排等
测试工程师	01_02	测试题库和作业模块等
……		

4　功能测试计划

在此以介绍 ×× 系统的 Web 端功能模块为例，如表 2-6 所列。

表 2-6　XX 系统的 Web 端功能模块

需求编号	角色	模块名称	功能名称	测试人员（工位号）
TC-LG-ST001	教师、学生	登录	登录	01_01
TC-LG-ST002	教师	首页	密码修改	
TC-LG-ST003	学生		帮助手册	
……				

5　测试的整体进度安排

测试的整体进度安排见表 2-7。

表 2-7　测试的整体进度安排

测试阶段	时间安排	参与人员（工位号）	测试工作内容安排	产出
测试方案		01_01		
测试用例				
第一遍全面测试				
交叉自由测试				
……				

6　相关风险

[列出此项目的测试工作所存在的各种风险的假定，需要考虑项目测试过程中可能发生的具体事务，分别分析并给出相应的应对方法。]

****

任务实施

资产管理系统功能测试方案

****

1　概述

1.1　编写目的

本文档指导测试人员完成 B/S 资产管理系统的测试工作，主要对测试项目的测试需求、测试环境、测试任务进行总体分析，它是测试用例编写及测试总结报告结果评价的基础，同时也可供项目经理、开发人员、运维人员等作为参考。其主要的编写目的如下：

（1）根据资产管理需求说明书确定 B/S 资产管理系统的测试项目信息和模块信息。

（2）分析 B/S 资产管理系统的测试可用环境和任务要求。

（3）确定测试人员的分配和测试进度安排。

（4）评估 B/S 资产管理系统测试风险及如何对风险进行规避。

1.2　测试范围

本次测试主要采用黑盒测试的方法（等价类划分法、边界值法、错误推测法、因果图法、场景法、正交实验法以及决策表法）对 B/S 资产管理系统进行功能性测试、UI 测试和健全性测试等。

（1）功能方面：系统满足业务逻辑各功能需求的要求。

（2）易用性方面：通过使用主流的浏览器 / 服务器架构，保证用户使用本系统的易用性良好。

（3）安全性方面：系统对敏感信息（例如用户密码）进行相关加密。

（4）UI 界面方面：界面简洁明快，用户体验良好，提示友好，必要的变动操作有“确认”环节等。

（5）兼容性方面：通过系统设计以及兼容性框架设计，满足对主流浏览器兼容的要求。

1.3　项目背景

随着信息化时代的到来，通过计算机软件实现资产的电子化管理，提高资产管理的准确性、便捷查询和易于维护，进而提高工作效率，是每一个企业面临的挑战和需求。

随着我国经济的迅猛发展，各种机构的固定资产规模急剧膨胀，其构成日趋复杂，管理难度越来越大。尤其是随着机构内部的后勤、财务、人事、分配等各项改革的深化，对资产管理工作不断提出新要求。但是多年来资产管理工作一直是各种机构的一个薄弱环节，如管理基础工程不够规范，资产安全控制体系尚不完善，家底不清，账账、账实不符，资产流失的现象在不少的机构依然存在等，与发展改革的新形势很不适应。

本项目的目标是建立符合一般企业实际管理需求的资产管理系统，对企业的资产信息进行精确和有效的服务，从而减轻资产管理部门从事低层次信息处理和分析的负担，解放管理员的“双手和大脑”，提高工作质量和效率。

2　测试任务

2.1　测试目的

本次测试主要是发现 B/S 资产管理系统中存在的缺陷，以便提交给开发人员进行修复，使系统更加完善，同时也可供项目经理、开发人员、运维人员等作为参考。其主要的测试目的如下：

（1）检查界面操作，确认其是否无明显异常且显示友好。

（2）确定系统是否符合业务逻辑规定。

（3）依据需求说明书确定系统的功能是否完整且正确。

（4）确定系统是否具有良好的操作性、易用性。

（5）确定系统是否满足用户的需求。

（6）确认系统的数据传输安全性。

（7）根据需求进行稳定性和安全性检测，确保系统能够稳定运行且对数据进行保密。

（8）确定系统是否具有良好的兼容性。

2.2　测试参考文档

测试参考文档说明见表 2-8。

表 2-8　测试参考文档说明

文档名称	版本	作者	日期
《B/S 资产管理系统需求说明书》	v1.0	项目开发组	2020/2/25

2.3　提交测试文档

提交测试文档说明见表 2-9。

表 2-9　提交测试文档说明

文档名称	版本	作者	日期
《资产管理系统功能测试方案》	v1.0	01_01	2020/3/25
《资产管理系统功能测试用例》	v1.0	01_02 01_03	2020/3/26
《资产管理系统功能测试缺陷报告清单》	v1.0	01_02 01_03	2020/3/28
《资产管理系统功能测试总结报告》	v1.0	01_01	2020/3/31

3　测试资源

3.1　硬件配置

硬件配置见表 2-10。

表 2-10　硬件配置表

关键项	数量 / 台	配置
PC	3	CPU：Intel(R) Core(TM) i5-6300HQ
		内存：12GB
		硬盘：1.28TB
		分辨率：1920×1080
		显示器：海信

3.2 软件配置

软件配置见表 2-11。

表 2-11 软件配置表

名称 / 类型	配置
操作系统	Windows 10
浏览器	Chrome 、IE11
输入法	搜狗输入法
文本编辑器	Office 2016
采用工具	手工测试
采用技术	黑盒测试

3.3 人力资源分配

人力资源分配见表 2-12。

表 2-12 人力资源分配表

角色	人员	职责
项目负责人	01_01	➢ 负责测试方案文档的编写 ➢ 负责测试总结报告的编写 ➢ 负责监督测试 ➢ 负责汇总测试用例、缺陷报告清单 ➢ 负责提交文档 ➢ 负责文档提交信息截图 ➢ 在自由交叉测试中，负责 ××× 模块的用例测试
测试工程师	01_02	➢ 负责 ××× 模块的测试用例编写 ➢ 在全面测试中，负责 ××× 模块的测试用例执行 ➢ 在自由交叉测试中，负责 ××× 模块的用例测试 ➢ 负责在平台上提交 Bug ➢ 负责编写缺陷报告清单 ➢ 负责 Bug 截图
测试工程师	01_03	➢ 负责 ××× 模块的测试用例的执行 ➢ 在自由交叉测试中，负责 ××× 模块的用例执行 ➢ 负责在平台上提交 Bug ➢ 负责编写缺陷报告清单 ➢ 负责 Bug 截图

4 功能测试计划

整体功能模块划分见表 2-13。

5 测试的整体进度安排

测试的整体进度安排见表 2-14。

6 相关风险

软件测试是一项需要耐心和细致的工作，测试过程中需要测试人员进行良好的沟通和团队协作才能保证测试任务的如期完成。本次测试可能存在如下风险：

表 2-13　整体功能模块划分表

需求编号	模块名称	功能模块	执行人员（工位号）
ZCGL-ST-SRS001	登录	登录功能	01_02
ZCGL-ST-SRS002		界面查看	01_02
ZCGL-ST-SRS003	个人信息管理	个人信息查看	01_02
ZCGL-ST-SRS004		手机号编辑	01_02
ZCGL-ST-SRS005		修改登录密码	01_02
ZCGL-ST-SRS006		退出系统	01_02
……	……	……	……

表 2-14　测试的整体进度安排

测试阶段	时间安排	测试内容工作安排	参与人员（工位号）	产出
阅读需求	3 月 23 日～24 日	➢ 阅读《需求说明书》	01_01 01_02 01_03	无
测试方案文档	3 月 24 日～25 日	➢01_01 负责测试方案文档的编写 ➢01_02、01_03 辅助编写测试方案文档	01_01	《01_01 测试方案文档》
测试用例	3 月 26 日	➢01_02 负责 ××× 模块的测试用例的编写 ➢01_03 负责 ××× 模块的测试用例的编写	01_02 01_03	《01_01 测试用例》
第一次全面测试	3 月 27 日	➢01_02 负责 ××× 模块的测试用例的执行 ➢01_03 负责 ××× 模块的测试用例的执行	01_02 01_03	《01_01 缺陷报告清单》
自由交叉测试	3 月 28 日	➢01_01 负责 ××× 模块的用例测试 ➢01_02 负责 ××× 模块的用例测试 ➢01_03 负责 ××× 模块的用例执行	01_01 01_02 01_03	《缺陷报告清单》
测试总结报告	3 月 31 日	➢01_01 负责编写测试总结报告	01_01	《01_01 测试总结报告》

（1）测试过程中设备或人员可能会出现问题而导致测试暂停，我们应及时发现并加以解决。

（2）测试过程中测试人员对需求说明书理解不充分会导致测试方案编写得不完整，测试用例编写得不完善、潜在的缺陷不能完整地找出以及总结报告中数据统计有误等问题。因此，测试过程中测试人员应仔细阅读需求说明书并充分理解其需求。

（3）由于采用的是人工测试，难免会出现误差，如果对黑盒测试方法未完全理解，可能会导致测试用例编写不完善，测试覆盖率低等问题。因此，测试人员应加强对黑盒测试方法的理解和掌握。

（4）在测试过程中测试人员和进度安排不合理可能会导致系统未进行完全测试，因此在出现问题时项目负责人应及时进行调度和调整。

（5）由于测试人员沟通、配合不当等原因，会导致最后汇总文档时出现缺漏的情况，进而导致提交文档不全等问题，因此，在阅读完需求说明书后应及时沟通、合理安排计划。

****

【思考与练习】

理论题

软件测试的原则有哪些？

实训题

根据任务 1 实训题中的需求分析说明书编写功能测试方案。

任务 3　设计测试用例

任务描述

在进行软件测试的时候，为避免遗漏掉重要的功能点，常常将项目功能模块细分，对每一功能模块编写测试用例，用来规范和指导测试人员的测试行为。

任务要求

为资产管理系统编写测试用例。

知识链接

一、测试用例的定义

测试用例是为某个特殊目标而编制的一组测试输入、执行条件以及预期结果，以便测试某个程序路径或核实是否满足某个特定需求。

统一软件开发过程（Rational Unified Process，RUP）中认为，测试用例是用来验证系统实际做了什么的方式，因此测试用例必须可以按照要求来进行跟踪和维护。

1990 年，IEEE（美国电气电子工程师学会软件工程术语标准）给出了如下定义：测试用例是一组测试输入、执行条件和预期结果，目的是要满足一个特定的目标，比如执行一条特定的程序路径或检验是否符合一个特定的需求。

从以上定义来看，测试用例设计的核心有两个方面：一方面是要测试的内容，即测试是否符合一个特定的需求；另一方面是输入信息，即按照怎样的操作步骤，对系统输入必要的数据。测试用例设计的难点在于如何通过少量的测试数据来有效地揭示软件缺陷。

测试用例可以用一个简单的公式来表示：

测试用例 = 输入 + 输出 + 测试环境

其中，输入是指测试数据和操作步骤；输出是指系统的预期执行结果；测试环境是指系统环境设置，包括软件环境、硬件环境和数据，有时还包括网络环境。

二、测试用例的重要性

测试用例的重要性主要体现在技术和管理两个层面。就技术层面而言，测试用例的重要性体现在以下几个方面。

1. 指导测试的实施

执行测试之前先编写好测试用例，可避免盲目测试，使测试做到重点突出。测试用例可以作为测试的标准，测试人员必须严格按照测试用例规定的测试步骤逐一进行测试，记录并检查每个测试执行的结果。

2. 提高测试的准确性

测试用例中的一个重要的项目就是准备测试数据，这些数据通常具有一定的代表性，可以提高测试的准确性。

3. 降低工作强度

提高测试用例的通用性和复用性便于开展测试、节省时间、提高测试效率，软件版本更新后仅需修正少量测试用例就可展开测试工作，有利于降低工作强度、缩短项目周期。

4. 提高管理效率

（1）团队交流。通过测试用例，测试团队中的不同测试员之间将遵循统一的用例规范来展开测试，从而降低测试的歧义，提高测试效率。

（2）检验测试员进度。测试用例可作为检验测试员的进度、工作量及跟踪、管理测试人员工作效率的手段。

（3）质量评估。完成测试后需要对测试结果进行评估，并编制测试报告。判断软件测试是否完成、衡量软件质量都需要一些量化的结果，如测试覆盖率、测试合格率、重要测试合格率等。用软件模块或功能点来进行上述统计会过于粗糙，以测试用例作为测试结果的度量基准则更加准确、有效。

（4）分析缺陷的标准。通过收集缺陷、对比测试用例和缺陷数据库，可分析证实是漏测还是缺陷复现。漏测反映了测试用例的不完善，应立即补充相应测试用例，逐步完善软件质量。若相应测试用例已存在，则反映实施测试或变更处理存在问题。

三、测试用例的评价标准

在发现更多的、更严重的缺陷的前提下，做到省时、省力、省钱，这才是好的测试。具体来讲，良好的测试用例应具有以下特性：

（1）有效性。由于不可能做到穷尽测试，因此测试用例的设计应按照“程序最有可能会怎样失效，哪些失效最不可容忍”等思路来寻找线索。例如，针对主要业务设计测试用例，针对重要数据设计测试用例等。

（2）经济性。通过测试用例来展开测试是动态测试的过程，其执行过程对软硬件环境、操作人员及执行过程的要求应满足经济可行的原则。

（3）可仿效性。面对越来越复杂的软件，需要测试的内容也越来越多，测试用例应具有良好的可仿效性，这样可以在一定程度上降低对测试员的素质要求，减轻测试工程师的设计工作量，加快文档撰写的速度。

（4）可修改性。软件版本更新后部分测试用例需要修正，因此测试用例应具有良好的可修改性，使之经过简单修正后就可复用。

（5）独立性。测试用例应与具体的应用程序实现完全独立，这样可以不受应用程序具体的变动的影响，也有利于测试的复用。测试用例还应完全独立于测试人员，不同的测试人员执行同一个测试用例，应得到相同的结果。

（6）可跟踪性。测试用例应与用户需求相对应，这样便于评估测试对功能需求的覆盖率。

四、测试用例设计的基本原则

对于不同类别的软件，测试用例的设计重点是不同的。比如，企业管理软件的测试通常需要将测试数据和测试脚本从测试用例中划分出来。

一般情况下，测试用例设计的基本原则有以下 3 条：

（1）测试用例的代表性。测试用例应能够代表并覆盖各种合理的和不合理的、合法的和非法的、边界的和越界的以及极限的输入数据、操作和环境设置等。

（2）测试结果的可判定性。测试结果的可判定性即测试执行结果的正确性是可判定的，每一个测试用例都应有相应明确的预期结果，而不应存在二义性，否则将难以判断系统是否运行正常。

（3）测试结果的可再现性。测试结果的可再现性即对同样的测试用例，系统的执行结果应当相同。测试结果可再现有利于在出现缺陷时能够确保缺陷的重现，为缺陷的快速修复打下基础。

在以上 3 条原则中，最难保证的就是测试用例的代表性，这也是设计测试用例时要重点关注的内容。一般地，针对每个核心的输入条件，其数据大致可分为 3 类：正常数据、边界数据和错误数据。测试数据就是从以上 3 类数据中产生的。

五、测试用例设计的书写标准

在 ANSI/IEEE 829-1983 标准中列出了和测试设计相关的测试用例编写规范和模板。标准模板中的主要元素如下：

（1）标识符（用例编号）：唯一标识每一个测试用例。

（2）功能模块：准确地描述所需要测试的功能模块。

（3）测试项目：准确地描述所需要测试功能模块的主要测试项。

（4）测试标题：简明扼要地描述用例所要测试的内容。

（5）重要级别：一般分为高、中、低 3 个级别。功能性的测试用例级别都是高，按钮的测试级别为中，界面、文字性的测试级别是低。

（6）预置条件：描述用例的前置条件，比如登录的前置条件是打开网站的登录界面。

（7）输入：描述执行测试用例的输入需求（这些输入可能包括数据、文件或者操作）。

（8）执行步骤：表征执行该测试用例需要的测试环境及具体步骤。

（9）预期输出：按照指定的环境和输入标准得到的期望输出结果。

具体的测试用例书写标准见表 2-15。

表 2-15 测试用例书写标准

用例编号	功能模块	测试项目	测试标题	重要级别	预置条件	输入	执行步骤	预期输出

任务实施

资产管理系统测试用例设计

表 2-16 所列是根据任务 2 中需求分析说明书中给出的登录和个人信息管理两个模块设计的测试用例。

表 2-16 资产管理系统测试用例

用例编号	模块名称	测试项目	测试标题	重要级别	预置条件	输入	执行步骤	预期输出
1. 登录界面（测试用例个数：24 个）								
ZCGL-DL-001	登录	登录界面查看	界面文字正确性验证	低	正常进入登录界面		打开登录界面	界面显示文字和按钮文字显示正确
ZCGL-DL-002	登录	登录界面查看	界面排版、色彩搭配合理性验证	低	正常进入登录界面		打开登录界面	界面排版、色彩搭配显示合理
ZCGL-DL-003	登录	登录界面查看	“忘记密码”按钮功能检查	中	正常进入登录界面		打开登录界面 单击“忘记密码”按钮	正确显示指定页面或窗口
ZCGL-DL-004	登录	登录界面查看	“换一张？”按钮功能检查	中	正常进入登录界面		打开登录界面 单击“换一张？”按钮	更换验证码
ZCGL-DL-005	登录	登录界面登录	输入正确信息进行登录	高	1. 正常进入登录界面 2. 任务 ID、用户名和密码已存在	任务 ID：29 用户名：0002 密码：0002 验证码：与图片一致	输入以上数据 单击“登录”按钮	登录成功
ZCGL-DL-006	登录	登录界面登录	任务 ID 错误(空）进行登录	高	1. 正常进入登录界面 2. 任务 ID 错误、用户名和密码已存在，验证码正确	任务 ID： 用户名：0002 密码：0002 验证码：与图片一致	输入以上数据 单击“登录”按钮	登录失败，正确提示未输入项目
ZCGL-DL-007	登录	登录界面登录	任务 ID 错误(不存在）进行登录	高	1. 正常进入登录界面 2. 任务 ID 错误、用户名和密码已存在，验证码正确	任务 ID：50 用户名：0002 密码：0003 验证码：与图片一致	输入以上数据 单击“登录”按钮	登录失败， 正确提示错误项目
ZCGL-DL-008	登录	登录界面登录	任务 ID 错误(超出 int 值范围）进行登录	高	1. 正常进入登录界面 2. 任务 ID 错误、用户名和密码已存在，验证码正确	任务 ID： 50000000000000000000 用户名：0002 密码：0003 验证码：与图片一致	输入以上数据 单击“登录”按钮	登录失败， 正确提示错误项目

续表

用例编号	模块名称	测试项目	测试标题	重要级别	预置条件	输入	执行步骤	预期输出
ZCGL-DL-009	登录	登录界面登录	任务ID错误（小数）进行登录	高	1. 正常进入登录界面 2. 任务ID错误、用户名和密码已存在，验证码正确	任务ID：2.9 用户名：0002 密码：0002 验证码：正确输入当前验证码	输入以上数据单击“登录”按钮	登录失败，正确提示错误项目
ZCGL-DL-010	登录	登录界面登录	任务ID错误（其他字符）进行登录	高	1. 正常进入登录界面 2. 任务ID错误、用户名和密码已存在，验证码正确	任务ID：12%&! 用户名：0002 密码：0002 验证码：正确输入当前验证码	输入以上数据单击“登录”按钮	登录失败，正确提示错误项目
ZCGL-DL-011	登录	登录界面登录	任务ID错误（为非对应用户的任务ID）进行登录	高	1. 正常进入登录界面 2. 任务ID错误、用户名和密码已存在，验证码正确	任务ID：30 用户名：0002 密码：0002 验证码：正确输入当前验证码	输入以上数据单击“登录”按钮	登录失败，正确提示错误项目
ZCGL-DL-012	登录	登录界面登录	用户名错误（空）进行登录	高	1. 正常进入登录界面 2. 用户名错误、任务ID和密码已存在，验证码正确	任务ID：29 用户名： 密码：0002 验证码：正确输入当前验证码	输入以上数据单击“登录”按钮	登录失败，正确提示未输入项目
ZCGL-DL-013	登录	登录界面登录	用户名错误（不存在）进行登录	高	1. 正常进入登录界面 2. 用户名错误、任务ID和密码已存在，验证码正确	任务ID：29 用户名：0099 密码：0002 验证码：正确输入当前验证码	输入以上数据单击“登录”按钮	登录失败，正确提示错误项目
ZCGL-DL-014	登录	登录界面登录	用户名验证（字母大写），进行登录	高	1. 正常进入登录界面 2. 用户名错误、任务ID和密码已存在，验证码正确	任务ID：29 用户名：009A 密码：0002 验证码：正确输入当前验证码	输入以上数据单击“登录”按钮	登录失败，正确提示错误项目
ZCGL-DL-015	登录	登录界面登录	用户名验证（字母小写），进行登录	高	1. 正常进入登录界面 2. 用户名错误、任务ID和密码已存在，验证码正确	任务ID：29 用户名：009a 密码：0002 验证码：正确输入当前验证码	输入以上数据单击“登录”按钮	登录失败，正确提示错误项目
ZCGL-DL-016	登录	登录界面登录	密码错误（空）进行登录	高	1. 正常进入登录界面 2. 密码错误、任务ID和用户名已存在，验证码正确	任务ID：29 用户名：0002 密码： 验证码：正确输入当前验证码	输入以上数据单击“登录”按钮	登录失败，正确提示未输入项目

续表

用例编号	模块名称	测试项目	测试标题	重要级别	预置条件	输入	执行步骤	预期输出
ZCGL-DL-017	登录	登录界面登录	密码（不存在）进行登录	高	1. 正常进入登录界面 2. 密码错误、任务 ID 和用户名已存在，验证码正确	任务 ID：29 用户名：0002 密码：00002 验证码：正确输入当前验证码	输入以上数据单击“登录”按钮	登录失败，正确提示错误项目
ZCGL-DL-018	登录	登录界面登录	验证码错误（空）进行登录	高	1. 正常进入登录界面 2. 验证码错误、任务 ID、用户名和密码已存在	任务 ID：29 用户名：0002 密码：00002 验证码：	输入以上数据单击“登录”按钮	登录失败，正确提示错误项目
ZCGL-DL-019	登录	登录界面登录	验证码错误（图片不匹配）进行登录	高	1. 正常进入登录界面 2. 任务 ID、用户名和密码已存在	任务 ID：29 用户名：0002 密码：00002 验证码：验证与图片不符	输入以上数据单击“登录”按钮	登录失败，正确提示错误项目
ZCGL-DL-020	登录	登录界面登录	验证码验证（与图片一致、字母全部大写），进行登录	高	1. 正常进入登录界面 2. 验证码、用户名和密码已存在	任务 ID：29 用户名：0002 密码：00002 验证码：验证与图片全部大写	输入以上数据单击“登录”按钮	登录成功
ZCGL-DL-021	登录	登录界面登录	验证码验证（与图片一致、字母全部小写），进行登录	高	1. 正常进入登录界面 2. 验证码、用户名和密码已存在	任务 ID：29 用户名：0002 密码：00002 验证码：验证与图片全部小写	输入以上数据单击“登录”按钮	登录成功
ZCGL-DL-022	登录	登录界面登录	密码是否可以粘贴	高	1. 正常进入登录界面 2. 任务 ID、用户名和密码已存在	密码：123aasd 复制密码进行粘贴	输入以上数据复制密码进行粘贴	粘贴失败，无法复制
ZCGL-DL-023	登录	登录界面登录	“登录”按钮功能检查	中	1. 正常进入登录界面 2. 任务 ID、用户名和密码已存在	任务 ID：29 用户名：0002 密码：0002 验证码：正确输入当前验证码	输入以上数据单击“登录”按钮	正确跳转到个人信息界面
ZCGL-DL-024	登录	登录界面登录	“退出”按钮功能检查	中	正常进入登录界面	单击“退出”按钮	输入以上数据单击“登录”按钮	正确跳转到登录界面
2. 个人信息界面（测试用例个数：31 个）								
ZCGL-GR-001	个人信息管理	个人信息查看	个人信息按钮功能检查	中	资产管理员正常登录系统		单击“个人信息”按钮	打开个人信息界面
ZCGL-GR-002	个人信息管理	个人信息查看	界面文字正确性验证	低	资产管理员正常登录系统		打开个人信息界面	界面显示文字和按钮文字显示正确
ZCGL-GR-003	个人信息管理	个人信息查看	界面排版、色彩搭配合理性验证	低	资产管理员正常登录系统		打开个人信息界面	界面排版、色彩搭配显示合理

续表

用例编号	模块名称	测试项目	测试标题	重要级别	预置条件	输入	执行步骤	预期输出
ZCGL-GR-004	个人信息管理	个人信息查看	个人信息界面查看	中	资产管理员正常登录系统		打开个人信息界面	1．页面 title 显示“当前位置：个人信息” 2．资产管理员能够在该页面查看个人的详细信息，其中姓名、工号、性别、部门和职位只能查看，不能修改 3．左侧导航栏个人信息高亮显示
ZCGL-GR-005	个人信息管理	个人信息查看	资产管理员权限是否满足	中	资产管理员正常登录系统		打开个人信息界面	可以查看个人信息，姓名、手机号、工号等，可修改手机号
ZCGL-GR-006	个人信息管理	个人信息查看	“保存”按钮功能测试	中	1．资产管理员正常登录系统 2．打开个人信息界面	手机号：17772331687	输入以上数据单击“保存”按钮	数据保存成功
ZCGL-GR-007	个人信息管理	个人信息查看	“退出”按钮功能检测	中	1．资产管理员正常登录系统 2．打开个人信息界面		单击“退出”按钮	退出该系统，返回登录页
ZCGL-GR-008	个人信息管理	个人信息查看	个人详细信息显示正确性检查	中	资产管理员正常登录系统		打开个人信息界面	显示管理员的姓名、手机号、工号、性别、部门、职位信息
ZCGL-GR-009	个人信息管理	手机号编辑	手机号初始值检查	低	资产管理员正常登录系统		打开个人信息界面	手机号初始为空
ZCGL-GR-010	个人信息管理	手机号编辑	输入正确的手机号（以 1 开头的 11 位数字）进行修改	高	1．资产管理员正常登录系统 2．打开个人信息界面	手机号：17772336781	输入以上数据单击保存按钮	保存成功
ZCGL-GR-011	个人信息管理	手机号编辑	输入错误的手机号(不以 1 开头）进行修改	高	1．资产管理员正常登录系统 2．打开个人信息界面	手机号：27772336781	输入以上数据单击“保存”按钮	保存失败，正确提示错误项目
ZCGL-GR-012	个人信息管理	手机号编辑	输入错误的手机号（10 位）进行修改	高	1．资产管理员正常登录系统 2．打开个人信息界面	手机号：1777233678	输入以上数据单击“保存”按钮	保存失败，正确提示错误项目

续表

用例编号	模块名称	测试项目	测试标题	重要级别	预置条件	输入	执行步骤	预期输出
ZCGL-GR-013	个人信息管理	手机号编辑	输入错误的手机号（1 位）进行修改	高	资产管理员正常登录系统	手机号：1	输入以上数据单击“保存”按钮	保存失败，正确提示错误项目
ZCGL-GR-014	个人信息管理	手机号编辑	输入错误的手机号（12 位）进行修改	高	1. 资产管理员正常登录系统 2. 打开个人信息界面	手机号：177723367812	输入以上数据单击“保存”按钮	保存失败，正确提示错误项目
ZCGL-GR-015	个人信息管理	手机号编辑	输入错误的手机号（含其他特殊字符）进行修改	高	1. 资产管理员正常登录系统 2. 打开个人信息界面	手机号：17772abcde !	输入以上数据单击“保存”按钮	保存失败，正确提示错误项目
ZCGL-GR-016	个人信息管理	手机号编辑	输入错误的手机号（空）进行修改	高	1. 资产管理员正常登录系统 2. 打开个人信息界面	手机号：	输入以上数据单击“保存”按钮	保存失败，正确提示错误项目
ZCGL-GR-017	个人信息管理	修改登录密码	“修改密码”按钮功能测试	中	1. 资产管理员正常登录系统 2. 打开个人信息界面		单击“修改密码”按钮	打开修改密码窗口
ZCGL-GR-018	个人信息管理	修改登录密码	“取消”按钮功能检查	中	1. 资产管理员正常登录系统 2. 打开个人信息界面 3. 打开修改密码窗口		单击“取消”按钮	关闭修改密码窗口
ZCGL-GR-019	个人信息管理	修改登录密码	输入正确的数据进行修改密码	高	1. 资产管理员正常登录系统 2. 打开个人信息界面 3. 打开修改密码窗口	当前密码：0002 新密码：qazwsx 确认密码：qazwsx	单击“保存”按钮	修改成功，关闭窗口
ZCGL-GR-020	个人信息管理	修改登录密码	当前密码错误（不存在）进行修改密码	高	1. 资产管理员正常登录系统 2. 打开个人信息界面 3. 打开修改密码窗口	当前密码：00020 新密码：1478963251478 确认密码：1478963251478	单击“保存”按钮	修改失败，正确提示错误项目
ZCGL-GR-021	个人信息管理	修改登录密码	当前密码错误（空）进行修改密码	高	1. 资产管理员正常登录系统 2. 打开个人信息界面 3. 打开修改密码窗口	当前密码： 新密码：1478963251478 确认密码：1478963251478	单击“保存”按钮	修改失败，正确提示错误项目

续表

用例编号	模块名称	测试项目	测试标题	重要级别	预置条件	输入	执行步骤	预期输出
ZCGL-GR-022	个人信息管理	修改登录密码	新密码错误（空）进行修改密码	高	1. 资产管理员正常登录系统 2. 打开个人信息界面 3. 打开修改密码窗口	当前密码：0002 新密码： 确认密码： 1478963251478	单击“保存”按钮	修改失败，正确提示错误项目
ZCGL-GR-023	个人信息管理	修改登录密码	新密码错误（小于 6 位）进行修改密码	高	1. 资产管理员正常登录系统 2. 打开个人信息界面 3. 打开修改密码窗口	当前密码： 新密码：14789 确认密码： 1478963251478	单击“保存”按钮	修改失败，正确提示错误项目
ZCGL-GR-024	个人信息管理	修改登录密码	新密码错误（大于 20 位）进行修改密码	高	1. 资产管理员正常登录系统 2. 打开个人信息界面 3. 打开修改密码窗口	当前密码：0002 新密码： 14789632514 7896325147 确认密码： 14789632514 7896325147	单击“保存”按钮	修改失败，正确提示错误项目
ZCGL-GR-025	个人信息管理	修改登录密码	新密码错误（含特殊字符）进行修改密码	高	1. 资产管理员正常登录系统 2. 打开个人信息界面 3. 打开修改密码窗口	当前密码：0002 新密码： 123%^&**^ &%$# 确认密码： 123%^&**^ &%$#	单击“保存”按钮	修改失败，正确提示错误项目
ZCGL-GR-026	个人信息管理	修改登录密码	新密码错误（连续数字）进行修改密码	高	1. 资产管理员正常登录系统 2. 打开个人信息界面 3. 打开修改密码窗口	当前密码：0002 新密码： 123456789 确认密码： 123456789	单击“保存”按钮	修改失败，正确提示错误项目
ZCGL-GR-027	个人信息管理	修改登录密码	新密码错误（相同数字）进行修改密码	高	1. 资产管理员正常登录系统 2. 打开个人信息界面 3. 打开修改密码窗口	当前密码：0002 新密码： 1111111111111 确认密码： 1111111111111	单击“保存”按钮	修改失败，正确提示错误项目
ZCGL-GR-028	个人信息管理	修改登录密码	新密码错误（连续字母）进行修改密码	高	1. 资产管理员正常登录系统 2. 打开个人信息界面 3. 打开修改密码窗口	当前密码：0002 新密码： abcdefghijk 确认密码： abcdefghijk	单击“保存”按钮	修改失败，正确提示错误项目
ZCGL-GR-029	个人信息管理	修改登录密码	新密码错误（相同字母）进行修改密码	高	1. 资产管理员正常登录系统 2. 打开个人信息界面 3. 打开修改密码窗口	当前密码：0002 新密码： aaaaaaaaaaaaa 确认密码： aaaaaaaaaaaaa	单击“保存”按钮	修改失败，正确提示错误项目

续表

用例编号	模块名称	测试项目	测试标题	重要级别	预置条件	输入	执行步骤	预期输出
ZCGL-GR-030	个人信息管理	修改登录密码	确认密码错误（空）进行修改密码	高	1．资产管理员正常登录系统 2．打开个人信息界面 3．打开修改密码窗口	当前密码：0002 新密码：1478963251478 确认密码：	单击“保存”按钮	修改失败，正确提示错误项目
ZCGL-GR-031	个人信息管理	修改登录密码	确认密码错误（与新密码不一致）进行修改密码	高	1．资产管理员正常登录系统 2．打开个人信息界面 3．打开修改密码窗口	当前密码：0002 新密码：1478963251478 确认密码：1478963251471	单击“保存”按钮	修改失败，正确提示错误项目

【思考与练习】

理论题

1．设计测试用例的基本原则是什么？

2．一个好的测试用例的标准是什么？

实训题

根据任务 2 实训题的功能测试方案编写测试用例。

任务 4　编写缺陷报告

任务描述

测试人员根据任务 3 编写的测试用例对资产管理系统执行测试，记录发现的 Bug 并编写成缺陷报告提交给开发人员进行修复。

任务要求

对资产管理系统执行测试并编写缺陷报告。

知识链接

一、软件缺陷概述

1．软件缺陷的定义

软件缺陷（Defect）常常又被叫作漏洞（Bug）。软件缺陷，即计算机软件或程序中存在的某种破坏其正常运行的问题、错误，或者隐藏的功能缺陷。缺陷的存在会导致软件产品在某种程度上不能满足用户的需要。IEEE 729-1983 对缺陷有一个标准的定义：从产品内部看，缺陷是软件产品开发或维护过程中存在的错误、毛病等各种问题；从产品外部看，缺陷是系统所需要实现的某种功能的失效或违背。

2. 软件缺陷的表现

软件缺陷的表现有以下 4 类：

（1）软件没有实现产品规格说明所要求的功能模块的功能。

（2）软件中出现了产品规格说明指明不应该出现的错误。

（3）软件实现了产品规格说明没有提到的功能模块的功能

（4）软件没有实现虽然产品规格说明没有明确提及但应该实现的功能。

（5）软件难以理解，不容易使用，运行缓慢，或从测试员的角度看，最终用户在使用的过程中会认为不好。

以计算器开发为例，计算器的产品规格说明应明确说明，计算器应能准确无误地进行加、减、乘、除运算。如按下加法键没有反应，就是第一种类型的缺陷；计算结果出错也是第一种类型的缺陷。

产品规格说明书还可能规定计算器不会死机、不会停止反应。如果随意按键盘导致计算器停止接受输入，这就是第二种类型的缺陷。

如果使用计算器进行测试，发现除了加、减、乘、除之外还可以求平方根但是产品规格说明没有提及这一功能模块，这就是第三种类型的缺陷——软件实现了产品规格说明中未提及的功能。

在测试计算器时，若发现电池没电会导致计算不正确，而产品规格说明中是假定电池一直都有电的情况，从而发现了第四种类型的错误。

软件测试员如果发现某些地方不对，比如测试员觉得按键太小，“＝”键布置的位置不好按，在亮光下看不清显示屏等，无论什么原因，都要认定为缺陷，而这正是第五种类型的缺陷。

3. 软件缺陷产生的原因

在软件开发的过程中，软件缺陷的产生是不可避免的。那么产生软件缺陷的主要原因有哪些？软件缺陷的产生主要是由软件产品的特点和开发过程决定的。

从软件本身、团队工作和技术问题等角度分析，就可以了解产生软件缺陷的主要原因。

（1）软件本身的问题。

1）需求不清晰，导致设计目标偏离客户的需求，从而引起功能或产品特征上的缺陷。

2）由于系统结构非常复杂，软件没有设计成一个很合理的层次结构或组件结构，结果导致意想不到的问题或系统维护、扩充上的困难，即使设计成良好的面向对象的系统，由于对象、类太多，很难完成对各种对象、类相互作用的组合测试，从而隐藏着一些参数传递、方法调用、对象状态变化等方面的问题。

3）对程序逻辑路径或数据范围的边界考虑不够周全，漏掉了某些边界条件，造成容量或边界错误。

4）对一些实时应用，要进行精心的设计和技术处理，保证精确的时间同步，否则容易引起时间上的不一致性而带来问题。

5）没有考虑系统崩溃后的自我恢复或数据的异地备份、灾难性恢复等问题，从而存在系统安全性、可靠性的隐患。

6）系统运行环境的复杂性，不仅用户使用的计算机环境千变万化，包括用户任务的各种操作方式或各种不同的数据输入方式，都容易引起一些特定用户环境下的问题；在系统实际应用中，数据量很大也会引起强度或负载问题。

7）由于通信端口多、存取和加密手段的矛盾性等，会造成系统的安全性或适用性等问题。

8）由于事先没有考虑到新技术的采用，可能涉及技术或系统兼容的问题。

（2）团队工作的问题。

1）系统需求分析时对客户的需求理解不清楚，或者和用户的沟通存在一些困难。

2）不同阶段的开发人员相互理解不一致。例如，软件设计人员对需求分析的理解有偏差；编程人员对系统设计规格说明中的某些内容重视不够，或存在误解；对于设计或编程上的一些假定或依赖性，相关人员没有充分沟通。

3）项目组成员技术水平参差不齐，新员工较多或培训不够等原因也容易引起问题。

（3）技术问题。

1）算法错误：在给定条件下没能给出正确或准确的结果。

2）语法错误：对于编译性语言程序，编译器可以发现这类问题；但对于解释性语言程序，只能在测试运行时发现。

3）计算和精度问题：计算的结果没有满足所需要的精度。

4）系统结构不合理、算法选择不科学，造成系统性能低下。

5）接口参数传递不匹配会导致模块集成出现问题。

（4）项目管理问题。

1）缺乏质量文化将导致不重视质量计划，对质量、资源、任务、成本等的平衡性把握不好，容易挤掉需求分析、评审、测试等时间，遗留的缺陷会比较多。

2）系统分析时对客户的需求不是十分清楚，或者和用户的沟通存在一些困难。

3）开发周期短导致需求分析、设计、编程、测试等各项工作不能完全按照定义好的流程来进行，工作不够充分，结果也就不完整、不准确，错误较多。周期短还会给各类开发人员造成太大的压力，引起一些人为的错误。

4）开发流程不够完善，存在太多的随机性和缺乏严谨的内审或评审机制，容易产生问题。

5）文档不完善，风险估计不足等。

二、软件缺陷的修复成本

在讨论软件测试原则时，一开始就要强调，测试人员在软件开发的早期（如需求分析阶段）就应介入，问题发现得越早越好。发现缺陷后，要尽快修复，因为错误并不只是在编程阶段产生的，需求和设计阶段同样也会产生错误。也许一开始只是一个很小范围内的错误，但随着产品开发工作的进行，错误会扩散成大错误，为了修改后期的错误所做的工作要多得多，即越到后期返工越复杂。如果错误不能被及早发现，那将造成越来越严重的后果。缺陷发现或解决得越迟，开发成本就越高。

平均而言，如果在需求分析阶段修正一个错误的代价是 5，那么在设计阶段它是 10，在编程阶段是 15，在测试阶段就是 20，而到了产品发布出去时，这个数字就是 100。可见，修正错误的代价是线性增长的，如图 2-7 所示。

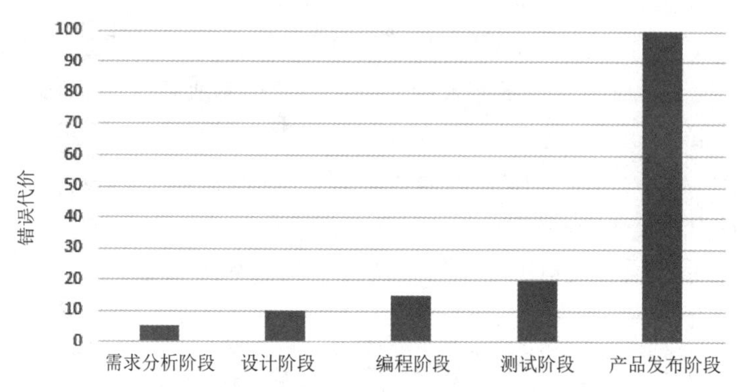

图 2-7　软件开发各阶段修复缺陷的成本

三、软件缺陷严重程度分类

1. 致命

通常表现为：主流程无法跑通；系统无法运行；系统崩溃或资源严重不足；应用模块无法启动或异常退出；主要功能模块无法使用等。例如，内存泄漏、系统容易崩溃、功能设计与需求严重不符、系统无法登录、循环报错、无法正常退出。

2. 严重

通常表现为：影响系统级操作；主要功能存在严重缺陷但不会影响系统稳定性等问题。例如，功能报错、轻微的数值计算错误。

3. 高

通常表现为：功能性错误的问题。例如，功能未能实现、按钮没有实现具体的操作等。

4. 一般 / 中等

通常表现为：界面、性能缺陷的问题。例如，边界条件下错误、大数据下容易无响应、大数据操作时没有提供进度条等。

5. 轻微 / 低

通常表现为：易用性及建议性的问题。例如，界面颜色搭配不好、文字排列不整齐、出现错别字、界面格式不规范，但是这些问题不影响功能。

四、软件可靠性

软件系统规模越做越大且越复杂，其可靠性会越来越难保证，应用本身对系统运行的可靠性要求也会越来越高。在一些关键的应用领域，如航空、航天等，其对软件的可靠性要求尤为高。在银行等服务性行业，其软件系统的可靠性也直接关系着自身的声誉和生存发展竞争能力。特别是软件可靠性比硬件可靠性更会严重影响整个系统的可靠性。在许多项目的开发过程中，对软件可靠性没有提出明确的要求，开发商（部门）也不在软件可靠性方面花费更多的精力，往往只注重运行速度、结果的正确性和用户界面的友好性等方面，而忽略了软件可靠性，在软件投入实际使用后才发现大量的可靠性问题，增加了维护工作的难度和工作量，严重时只有将软件“束之高阁”，无法投入使用。

1. 软件可靠性与硬件可靠性的区别

软件可靠性与硬件可靠性主要存在以下区别：

（1）硬件有老化损耗现象，硬件失效是物理故障，是器件物理变化的必然结果，有浴盆曲线现象；软件不发生此类变化，没有磨损现象，但会有陈旧落后的问题，没有浴盆曲线现象。

（2）硬件可靠性的决定因素是时间，受设计、生产、运用的所有过程影响；软件可靠性的决定因素是与输入数据有关的软件差错，是输入数据和程序内部状态的函数，更多地决定于人。

（3）硬件的纠错维护可通过修复或更换失效的硬件重新恢复功能；软件的维护只有通过重新设计。

（4）对硬件可采用预防性维护技术预防故障，采用断开失效部件的办法诊断故障；而软件则不能采用这些技术。

（5）事先估计可靠性测试和可靠性的逐步增长等技术对软件和硬件有不同的意义。

（6）为提高硬件可靠性可采用冗余技术，而同一软件的冗余不能提高可靠性。

（7）硬件可靠性检验方法已建立，并已有一整套标准化且完整的理论；而软件可靠性验证方法仍未建立，更没有完整的理论体系。

（8）硬件已有成熟的产品市场；而软件产品市场还很新。

（9）软件错误是永恒的、可重现的；而一些瞬间的硬件错误可能会被误认为是软件错误。

总的说来，软件可靠性比硬件可靠性更难保证，即使是美国宇航局的软件系统，其可靠性仍比硬件可靠性低一个数量级。

2. 影响软件可靠性的因素

软件可靠性是关于软件能够满足需求功能的性质，软件不能满足需求是因为软件中的差错引起了软件故障。软件中有哪些可能的差错呢？

软件差错是软件开发各阶段潜在的人为错误，具体如下：

（1）需求分析定义错误：如，用户提出的需求不完整；用户需求的变更未及时消化；软件开发者和用户对需求的理解不同等问题。

（2）设计错误：如，处理的结构和算法错误；缺乏对特殊情况和错误处理的考虑等。

（3）编码错误：如，语法错误；变量初始化错误等。

（4）测试错误：如，数据准备错误；测试用例错误等。

（5）文档错误：如，文档不齐全；文档相关内容不一致；文档版本不一致；文档缺乏完整性等。

从上游到下游，错误的影响是发散的，所以要尽量把错误消除在开发前期阶段。错误引入软件的方式可归纳为两种特性：程序代码特性和开发过程特性。程序代码最直观的特性是长度，另外还有算法和语句结构等，程序代码越长，结构越复杂，其可靠性越难保证；开发过程特性包括采用的工程技术和使用的工具，也包括开发者个人的业务经历和水平等。

影响软件可靠性的另一个重要因素是健壮性，即对非法输入的容错能力。所以，提高可靠性从原理上看就是要减少错误和提高健壮性。

1983 年，美国 IEEE 计算机学会对“软件可靠性”作出了明确定义。此后，该定义被美国标准化研究所接受为国家标准。1989 年，我国也接受该定义为国家标准。该定义包括两方面的含义：

- 在规定的条件下和规定的时间内，软件不引起系统失效的概率。
- 在规定的时间周期内，在所述条件下程序执行所要求的功能的能力。

软件可靠性是指在一段时间内软件正常运行的概率，它与操作有很大关系，是动态的，而不是静态的。其中的概率是系统输入和系统使用的函数，也是软件中存在的故障的函数，系统输入将确定是否会遇到已存在的故障（如果故障存在）。

五、软件质量

概括地说，软件质量就是“软件与明确的和隐含的定义的需求相一致的程度”。具体地说，软件质量是软件符合明确叙述的功能和性能需求、文档中明确描述的开发标准以及所有专业开发的软件都应具有的隐含特征的程度。

（1）影响软件质量的主要因素。下述这些因素是从管理角度对软件质量的度量，可划分为 3 组，分别反映用户在使用软件产品时的 3 种观点。

1）正确性、健壮性、效率、完整性、可用性及风险（产品运行）。

2）可理解性、可维修性、灵活性和可测试性（产品修改）。

3）可移植性、可再用性和互运行性（产品转移）。

（2）标准。

1）软件需求是度量软件质量的基础，与需求不一致就是质量不高。

2）指定的标准定义了一组指导软件开发的准则，如果没有遵守这些准则，肯定会导致软件质量不高。

3）软件通常有一组没有显式描述的隐含需求（如期望软件是容易维护的）。如果软件满足明确描述的需求，但却不满足隐含的需求，那么软件的质量仍然是值得怀疑的。

任务实施

资产管理系统缺陷报告

表 2-17 是任务 3 实施登录和个人信息管理两个模块测试用例的缺陷统计。登录、个

人信息管理两个模块的缺陷报告见表 2-18。

表 2-17　资产管理系统缺陷统计　　单位：个

模块名称	按缺陷严重程度					小计
	严重	很高	高	中	低	
登录	2	2	1	1	1	7
个人信息管理	0	1	10	0	1	12
……	……	……	……	……	……	……
小计	2	3	11	1	2	19

表 2-18　资产管理系统缺陷报告

缺陷编号	模块名称	界面	摘要	描述	缺陷严重程度	提交人	附件说明
1	登录	登录界面	“登陆”按钮字错误，应为“登录”	1. 正常进入登录界面 2.“登陆”按钮字错误，应为“登录”	低	01_01	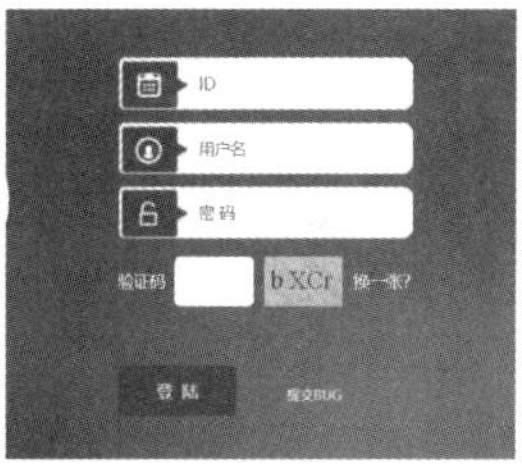
2	登录	登录界面	“登录”按钮位置排版与 UI 设计不一致	1. 正常进入登录界面 2.“登录”按钮位置排版与 UI 设计不一致	中	01_01	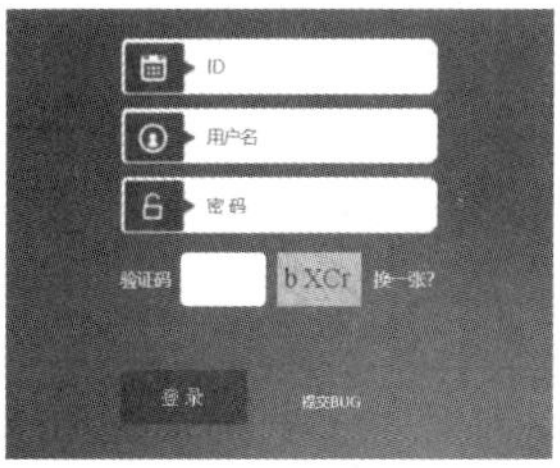
3	登录	登录界面	密码明文显示	1. 正常进入登录界面 2. 输入密码 3. 密码明文显示	很高	01_01	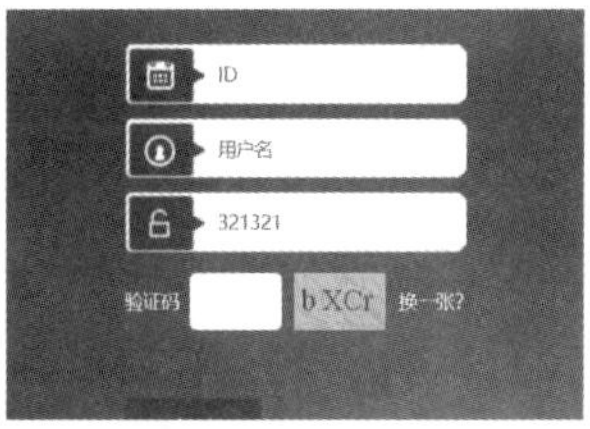
4	登录	登录界面	“换一张？”按钮更换验证码功能失效	1. 正常进入登录界面 2. 单击“换一张？”按钮 3.“换一张？”按钮更换验证码功能失效	高	01_01	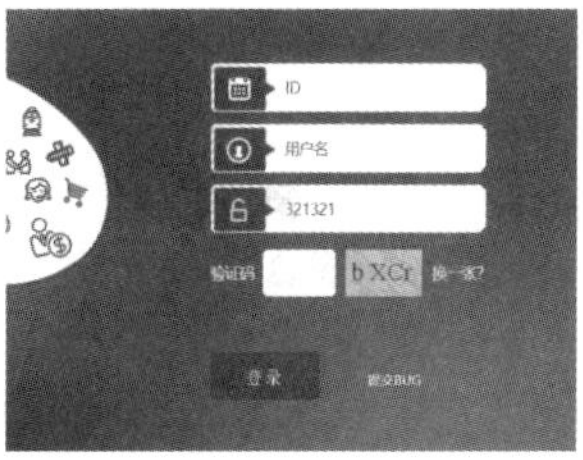

续表

缺陷编号	模块名称	界面	摘要	描述	缺陷严重程度	提交人	附件说明
5	登录	登录界面	任务 ID 输入小数后登录出现 400 错误	1. 正常进入登录界面 2. 输入任务 ID：2.9 3. 其他输入正确 4. 单击“登录”按钮 5. 任务 ID 输入小数后登录出现 400 错误	严重	01_01	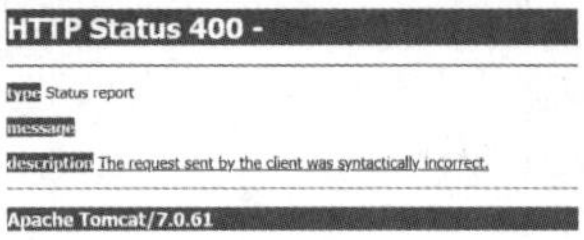 HTTP Status 400 - type Status report message description The request sent by the client was syntactically incorrect. Apache Tomcat/7.0.61
6	登录	登录界面	任务 ID 输入超过 10 位后登录出现 400 错误	1. 正常进入登录界面 2. 任务 ID：2222222222 3. 其他输入正确 4. 单击“登录”按钮 5. 任务 ID 输入超过 10 位后登录出现 400 错误	严重	01_01	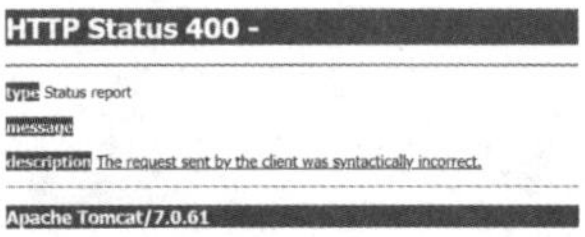 HTTP Status 400 - type Status report message description The request sent by the client was syntactically incorrect. Apache Tomcat/7.0.61
7	登录	登录界面	输入的密码可以复制	1. 正常进入登录界面 2. 密码：aaaaaa 3. 输入的密码可以复制	很高	01_01	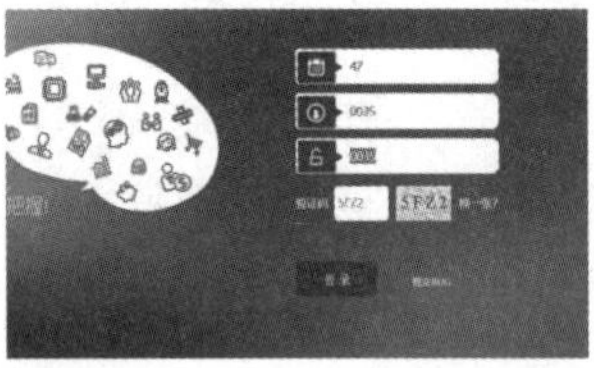
8	个人信息管理	个人信息界面	修改的手机号小于 11 位可以保存	1. 正常登录系统 2. 进入个人信息界面 3. 手机号 177723367 4. 单击“保存”按钮 5. 修改的手机号小于 11 位可以保存	高	01_01	 资产管理系统
9	个人信息管理	个人信息界面	修改的手机号不以 1 开头可以保存	1. 正常登录系统 2. 进入个人信息界面 3. 输入手机号 27772336781 4. 单击“保存”按钮 5. 修改的手机号不以 1 开头可以保存	高	01_01	 资产管理系统
10	个人信息管理	个人信息界面	修改的手机号含字母可以保存	1. 正常登录系统 2. 进入个人信息界面 3. 手机号：17as2336781 4. 单击“保存”按钮 5. 修改的手机号含字母可以保存	高	01_01	 资产管理系统
11	个人信息管理	个人信息界面	修改的手机号含特殊字符可以保存	1. 正常登录系统 2. 进入个人信息界面 3. 手机号：177%sk90211 4. 单击“保存”按钮 5. 修改的手机号含特殊字符可以保存	高	01_01	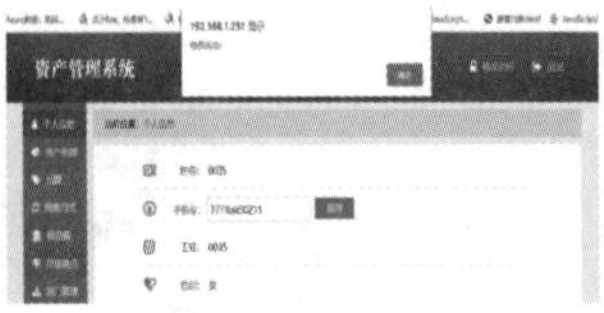 资产管理系统

续表

缺陷编号	模块名称	界面	摘要	描述	缺陷严重程度	提交人	附件说明
12	个人信息管理	个人信息界面	修改的手机号含中文可以保存	1. 正常登录系统 2. 进入个人信息界面 3. 手机号： 177 中文 k90211 4. 单击“保存”按钮 5. 修改的手机号含中文可以保存	高	01_01	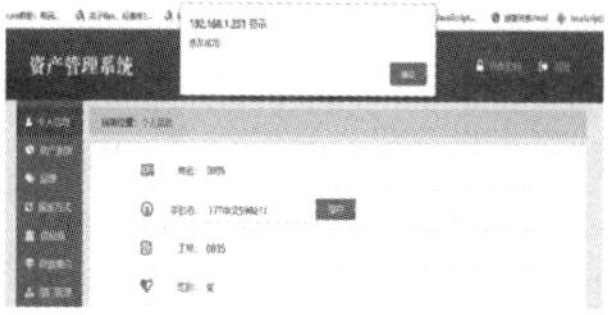
13	个人信息管理	修改密码窗口	未填写当前密码保存，提示为请填写旧密码，提示不友好	1. 正常登录系统 2. 进入修改密码界面 3. 当前密码：空 4. 其他输入正确 5. 单击“保存”按钮 6. 未填写当前密码保存，提示为“请填写旧密码”，提示不友好	低	01_01	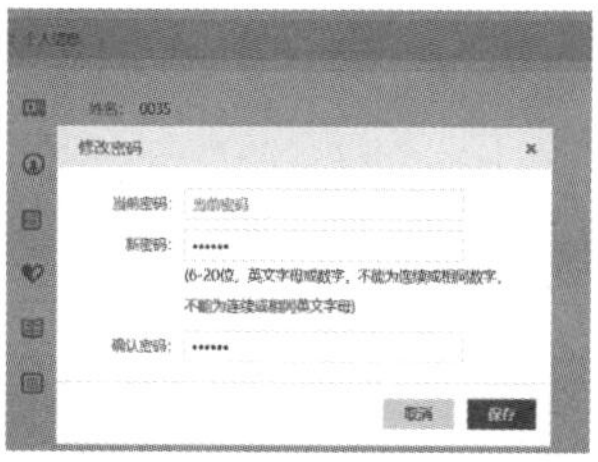
14	个人信息管理	修改密码窗口	当前密码填写错误可以修改密码	1. 正常登录系统 2. 进入修改密码界面 3. 当前密码：输入错误的密码 4. 其他输入正确 5. 单击“保存”按钮 6. 当前密码填写错误可以修改密码	很高	01_01	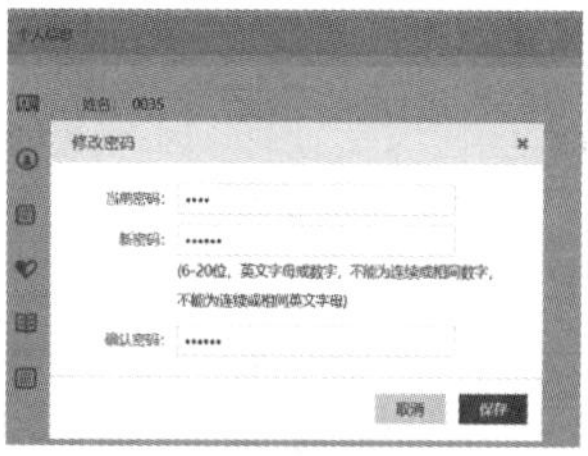
15	个人信息管理	修改密码窗口	新密码为连续数字可以修改密码	1. 正常登录系统 2. 进入修改密码界面 3. 新密码：123456 4. 其他输入正确 5. 单击“保存”按钮 6. 新密码为连续数字可以修改密码	高	01_01	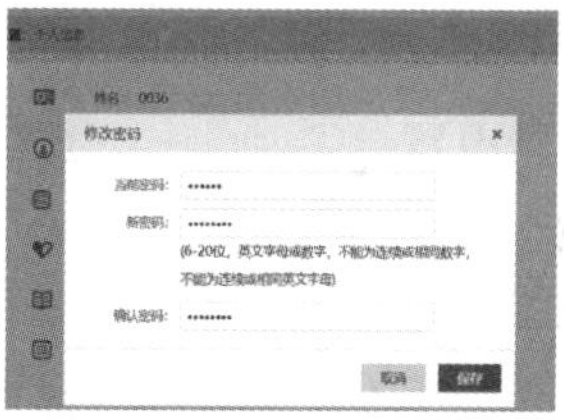
16	个人信息管理	修改密码窗口	新密码为相同数字可以修改密码	1. 正常登录系统 2. 进入修改密码界面 3. 新密码：111111 4. 其他输入正确 5. 单击“保存”按钮 6. 新密码为相同数字可以修改密码	高	01_01	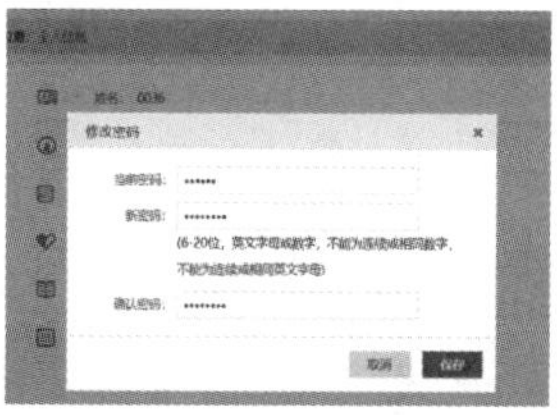
17	个人信息管理	修改密码窗口	新密码为相同字母可以修改密码	1. 正常登录系统 2. 进入修改密码界面 3. 新密码：aaaaaa 4. 其他输入正确 5. 单击“保存”按钮 6. 新密码为相同字母可以修改密码	高	01_01	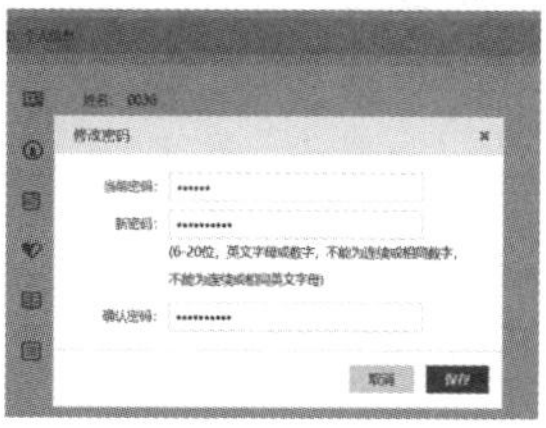

续表

缺陷编号	模块名称	界面	摘要	描述	缺陷严重程度	提交人	附件说明
18	个人信息管理	修改密码窗口	新密码为连续字母可以修改密码	1. 正常登录系统 2. 进入修改密码界面 3. 新密码：abcdef 4. 其他输入正确 5. 单击“保存”按钮 6. 新密码为连续字母可以修改密码	高	01_01	
19	个人信息管理	修改密码窗口	新密码与当前密码密码相同可以修改	1. 正常登录系统 2. 进入修改密码界面 3. 当前密码：abcdef 4. 新密码：abcdef 4. 其他输入正确 5. 单击“保存”按钮 6. 新密码与当前密码密码相同可以修改	高	01_01	

【思考与练习】

理论题

1．“Bug”指的是什么？

2．软件缺陷的等级有几类？分别是什么？

实训题

根据任务 3 实训题编写的测试用例执行测试并编写缺陷报告。

任务 5 编写功能测试总结报告

任务描述

在软件项目测试过程中，要记录测试过程中出现的问题。测试完成后，要编写功能测试总结报告，对产品测试过程中存在的 Bug 进行分析，为保障软件顺利提交提供理论依据，为验收测试项目提供交付依据。

任务要求

根据任务 3 资产管理系统测试用例和任务 4 缺陷报告编写一个功能测试总结报告。

知识链接

功能测试总结报告的模版

****

1 引言

1.1 编写目的

[本测试报告的具体编写目的，指出预期的读者范围]

1.2 项目背景

[项目背景说明]

2 测试参考文档

[参考文档说明]

3 项目组成员

[描述测试的团队和成员]

4 测试环境与配置

[简要介绍测试环境及配置]

5 测试进度

5.1 测试进度回顾

[描述测试过程中的测试进度以及总结]

表 2-19 为测试进度表。

表 2-19 测试进度表

测试阶段	实际时间安排	参与人员（工位号）	实际测试工作安排
测试方案		01_01	
测试用例			
第一遍全面测试			
……			

5.2 功能测试回顾

[描述测试过程中软件系统的测试过程以及结果]

6 测试用例汇总

表 2-20 为测试用例汇总表。

表 2-20 测试用例汇总表

功能模块	测试用例总数 / 个	用例编写人（工位号）	执行人（工位号）
登录		01_01	01_01
……			
用例合计			

7　缺陷汇总

[对发现的缺陷按照不同标准进行汇总]

表 2-21 为缺陷汇总表。

表 2-21　缺陷汇总表

功能模块	按缺陷严重程度 / 个						缺陷类型 / 个			
	严重	很高	高	中	低	合计	功能缺陷	UI 缺陷	建议性缺陷	合计
登录										
……										
合计										

8　测试结论

[最终测试结果总结说明、测试过程中遇到的重要问题以及如何解决、被测系统的质量总结、个人的收获以及团队的得失等]

****

任务实施

资产管理系统功能测试总结报告

****

1　编写目的

本文档是测试工程师对 B/S 资产管理系统的测试总结，主要对被测软件的质量、功能、缺陷，团队得失和软件是否符合要求进行总体评价。本文档的预期读者包括：项目负责人、评审人员、产品使用人员、软件设计开发人员以及测试人员。主要达到以下目的：

（1）对被测软件的质量和功能进行总结，评估软件是否达到发布要求。

（2）理清系统存在的缺陷，为修复缺陷提供建议。

（3）分析测试过程，总结本次测试任务中个人与团队的得失，便于增强团队整体的测试水平和协作能力。

（4）确定被测软件是否满足需求说明书的各项要求，保证软件应有功能正常实现。

（5）检测该系统是否能满足用户的需求，以便于系统发布。

2　测试参考文档

表 2-22 为参考该当汇总表。

表 2-22　参考文档汇总表

文档名称	版本	作者（组名或工位号）	日期
《资产管理系统需求说明书》	V1.0	项目开发组	2020/2/1
《资产管理系统测试方案》	V1.0	01_01 01_02 01_03	2020/3/25

续表

文档名称	版本	作者（组名或工位号）	日期
《资产管理系统测试用例》	V1.0	01_02 01_03	2020/3/26
《资产管理系统缺陷报告》	V1.0	01_02	2020/3/28

3 测试组成员任务分配

表 2-23 为测试组成员任务分配表。

表 2-23 测试组成员任务分配表

角色	人员（工位号）	职责
项目负责人	01_01	➢ 负责测试方案文档的编写 ➢ 负责测试总结报告的编写 ➢ 负责监督测试 ➢ 负责汇总测试用例、缺陷报告清单 ➢ 负责提交文档 ➢ 负责文档提交信息截图 ➢ 在自由交叉测试中，负责 ××× 模块的用例测试
测试工程师	01_02	➢ 负责 ××× 模块的测试用例编写 ➢ 在全面测试中，负责 ××× 模块的测试用例执行 ➢ 在自由交叉测试中，负责 ××× 模块的用例测试 ➢ 负责在平台上提交 Bug ➢ 负责编写缺陷报告清单 ➢ 负责 Bug 截图
测试工程师	01_03	➢ 负责 ××× 模块的测试用例的执行 ➢ 在自由交叉测试中，负责 ××× 模块的用例执行 ➢ 负责在平台上提交 Bug ➢ 负责编写缺陷报告清单 ➢ 负责 Bug 截图

4 测试环境与配置

4.1 硬件配置

表 2-24 为硬件配置表。

表 2-24 硬件配置表

关键项	数量 / 台	配置
PC	3	CPU：Intel(R) Core(TM) i5-6300HQ
		内存：12GB
		硬盘：1.28TB
		分辨率：1920×1080
		显示器：海信

4.2　软件配置

表 2-25 为软件配置表。

表 2-25　软件配置表

名称 / 类型	配置
操作系统	Windows 10
浏览器	Chrome 、IE11
输入法	搜狗输入法
文本编辑器	Office 2016
采用工具	手工测试
采用技术	黑盒测试

4.3　测试方法

表 2-26 为测试方法分类表。

表 2-26　测试方法分类表

测试分类	具体方法	测试方法
功能测试	核实软件测试的各项功能以及业务流程是否完整，确保用户能够正常使用	采用黑盒测试：等价类划分法、边界值法、错误推测法、因果图法、场景法、正交实验法、决策表法
易用性测试	测试系统是否易使用、易理解和易操作	手工测试、目测
UI 界面测试	测试系统文字显示是否正确，界面排版、色彩搭配是否合理	手工测试、目测
文档测试	检查需求说明书等文档中的潜在缺陷	手工测试、目测
软件审查	针对软件的功能、性能、业务流程等进行一系列软件测试评审过程	目测

5　测试进度

5.1　测试进度回顾

本次测试由 01 测试小组测试完成，共用时 9 天，所有测试用例全部执行，测试完成度 90%，测试进度见表 2-27。

表 2-27　测试进度表

测试阶段	时间安排	测试内容工作安排	参与人员（工位号）	产出
阅读需求	3 月 23 ～ 24 日	➢ 阅读《需求说明书》	01_01 01_02 01_03	无
测试方案文档	3 月 24 ～ 25 日	➢01_01 负责测试方案文档的编写 ➢01_02、01_03 辅助编写测试方案文档	01_01	《01_01 测试方案文档》

续表

测试阶段	时间安排	测试内容工作安排	参与人员（工位号）	产出
测试用例	3 月 26 日	➢01_02 负责 ××× 模块的测试用例编写 ➢01_03 负责 ××× 模块的测试用例编写	01_02 01_03	《01_01 测试用例》
第一次全面测试	3 月 27 日	➢01_02 负责 ××× 模块的测试用例的执行 ➢01_03 负责 ××× 模块的测试用例的执行	01_02 01_03	《01_01 缺陷报告清单》
自由交叉测试	3 月 28 日	➢01_01 负责 ××× 模块的用例测试 ➢01_02 负责 ××× 模块的用例测试 ➢01_03 负责 ××× 模块的用例执行	01_01 01_02 01_03	《缺陷报告清单》
测试总结报告	3 月 31 日	➢01_01 负责编写测试总结报告	01_01	《01_01 测试总结报告》

5.2　功能测试回顾

（1）本次测试由 ×× 测试小组完成测试资产管理系统，对登录、个人信息管理、资产类别、品牌、取得方式、供应商、存放地点、部门管理、资产入库、资产借还以及资产报废等模块进行了功能测试，历时 9 天。

（2）3 人共写出测试用例 500 个，2 人执行所有测试用例，用例覆盖率为 96%。

（3）总共找出 64 个 Bug，其中严重程度为严重的 Bug 有 3 个，为很高的 Bug 有 10 个，为高的 Bug 有 20 个。

6　测试用例汇总

表 2-28 为本次测试用例汇总表，图 2-8 所示为测试用例分布图。

表 2-28　测试用例汇总表

模块名称	测试用例总数 / 个	用例编写人（工位号）	执行人（工位号）
登录	44	01_02	01_02
个人信息管理	60	01_02	01_02
……	……	……	……
总计	104		

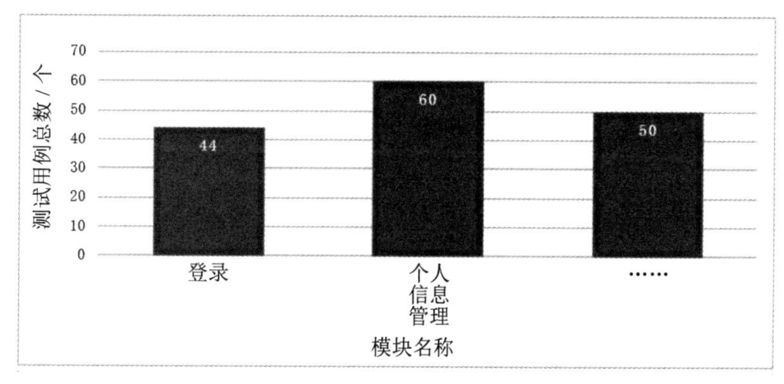

图 2-8　测试用例分布图

7 Bug 缺陷汇总

表 2-29 为缺陷汇总表，图 2-9 所示为缺陷分布图。

表 2-29 缺陷汇总表

功能模块	按缺陷严重程度 / 个						缺陷类型 / 个			
	严重	很高	高	中	低	合计	功能缺陷	UI 缺陷	建议性缺陷	合计
登录	1		5	2	1	9				
个人信息管理			13			13				
……	……	……	……	……	……	……	……	……	……	……
合计	1		18	2	1	22				

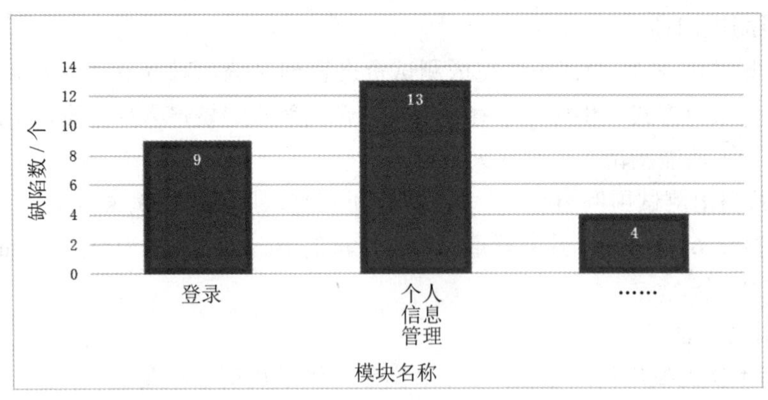

图 2-9 缺陷分布图

8 测试总结

8.1 系统整体测试情况总结

本次由小组 3 人协作完成测试资产管理系统的整体测试，进度安排和人员分配合理，测试情况完成较好。通过阅读需求说明书的要求，完整地测试了登录、个人信息管理、……等 11 个模块；并且使用黑盒测试方法编写测试用例 507 个，通过执行测试用例和交叉自由测试，共发现了 64 个 Bug。

8.2 测试过程中遇到的问题。

（1）用例没有 100% 的执行。

（2）某些缺陷偶发，难以重现。

（3）测试过程中团队协作不默契。

（4）某些测试环节不能如期进行。

8.3 解决问题的办法

（1）及时检查，测试未测到的用例。

（2）仔细检查，发现未能重现的缺陷。

（3）加强队员之间的沟通。

（4）对未能如期进行的测试环节进行及时的调整。

8.4　质量总结

在本次测试 B/S 资产管理系统中，发现缺陷较多，不建议立即发布，应提交给软件设计师修复缺陷后，在进行回归测试。

8.5　个人收获

（1）学习了软件测试的相关知识。

（2）提高了软件测试实践能力。

（3）增强了团队协作意识。

8.6　团队收获

（1）在解决问题的过程中及时沟通，增强了团队协作能力。

（2）在本次测试过程中不断采用全面的测试方法，提高了团队的整体测试水平。

（3）通过对系统的总体测试丰富了项目的策划经验。

****

【思考与练习】

理论题

为什么要编写功能测试总结报告？

实训题

根据任务 3 实训题测试用例和任务 4 缺陷报告编写功能测试总结报告。

任务 6　测试项目管理工具：禅道

任务描述

在软件测试过程中，常常是几个项目先后或同步进行，如何有效地管理测试过程和测试人员，就需要借助软件测试项目管理工具，如 Jira、Tarantula、TestLodg、HipTes、禅道等，本任务主要以禅道为例进行讲解。

任务要求

用禅道对资产管理系统的测试过程进行管理。

知识链接

一、禅道工具的概述

1. 禅道的特点

禅道是一款软件测试项目管理工具，主要有以下几个特点：

（1）适合中小团队开发与测试使用，对于项目的迭代管理非常方便。

（2）从项目的计划到发布，完整覆盖研发项目的核心流程，可以细分项目需求、任务、缺陷和用例。

（3）支持敏捷方法 scrum，支持敏捷但不限于敏捷，更适合国内的人员使用。

（4）基于 ZPL 协议发布，是一款开源免费的工具。

2. 禅道的版本

禅道主要有以下几个版本：专业版、企业版、集团版和开源版。如果只是学习使用，建议下载开源版本，其他几个版本都需付费。

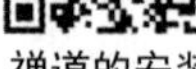

禅道的安装

二、禅道的下载与安装

禅道的下载与安装步骤如下：

（1）输入下载禅道的网址：https://www.zentao.net/，界面如图 2-10 所示，可以选择下载的版本，本任务是下载开源版。

图 2-10　下载禅道的界面

（2）单击“开源版”，出现如图 2-11 所示的界面，可以选择自己计算机系统对应的版本进行下载。本任务下载的是集成运行环境下的适用于 Windows 64 位中文版本的一键安装包。

（3）下载之后将安装包 ZenTaoPMS.12.3.2.win64.exe 解压到某个根目录盘符（本任务用的是 F 盘），在 F 盘会生成目录 xampp。打开目录，双击 start.exe 文件启动，界面如图 2-12 所示。可以单击“更改”按钮，将用户名和密码修改为自己熟悉的。单击“启动禅道”按钮，如果不能正常启动，请检查端口是否被占用。

（4）在弹出的如图 2-13 所示的对话框中修改数据库密码，可以修改为自己熟悉的密码。单击 OK 按钮，然后单击图 2-12 中的“访问禅道”按钮。

（5）在弹出的如图 2-14 所示的对话框中，输入修改的账号与用户名，单击“登录”按钮，弹出如图 2-15 所示的界面，选择登录版本。

禅道 12.3.2 版本发布，修复Bug，兼容工作流

2020-06-04 14:30:00　禅道　原创

摘要：大家好，禅道项目管理软件开源版 12.3.2 发布，本版本主要修复Bug，兼容工作流。

大家好，禅道项目管理软件开源版 12.3.2 发布，本版本主要修复Bug，兼容工作流。

一、下载地址

1、禅道项目管理软件源码下载

中文版：　官方下载源 、 sourceforge下载

国际版：　官方下载源 、 sourceforge下载

2、集成运行环境下载：切勿下载下面的软件进行升级，仅适用于新安装

Windows一键安装包（适用于windows 64位）

中文版：　官方下载源 、 sourceforge下载

国际版：　官方下载源 、 sourceforge下载

Windows一键安装包（适用于windows 32位）

中文版：　官方下载源 、 sourceforge下载

国际版：　官方下载源 、 sourceforge下载

Windows一键安装包（未加安全设置）

中文版：　官方下载源 、 sourceforge下载

国际版：　官方下载源 、 sourceforge下载

Linux一键安装包64位（适用于Ubuntu17+，centos7.4+）

图 2-11　下载开源版

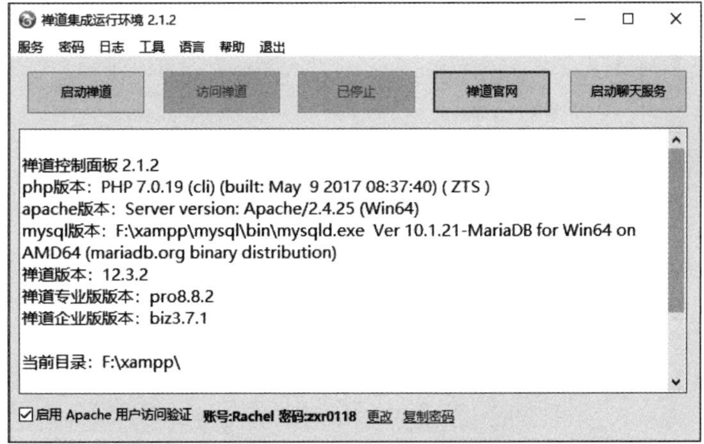

图 2-12　“启动禅道”对话框

图 2-13　修改数据库密码

（6）单击“开源版”按钮，弹出如图 2-16 所示的登录窗口，默认的用户名是 admin，密码是 123456，当然也可以自己修改。

（7）单击“登录”按钮，就可以进入禅道了，界面如图 2-17 所示。

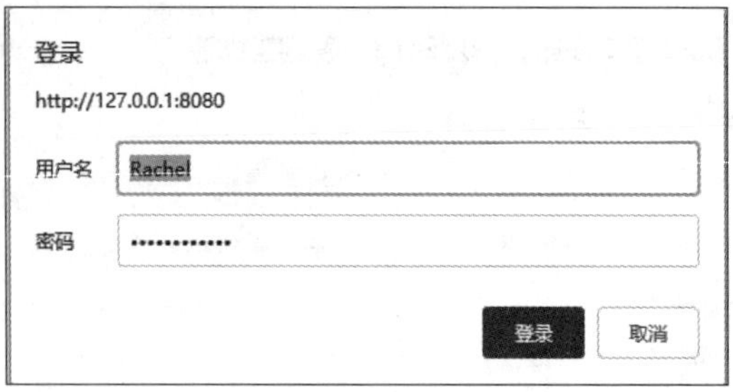

图 2-14　禅道登录

图 2-15　选择登录版本

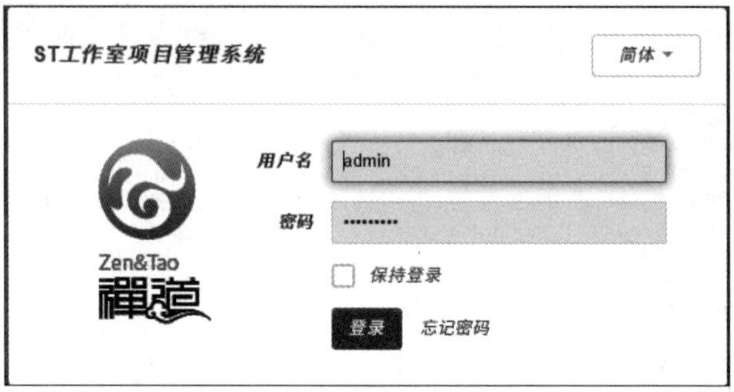

图 2-16　开源版登录

图 2-17　禅道开源版界面

任务实施

利用禅道对资产管理系统的测试过程进行管理

1. 管理测试过程

进行组织架构建立，添加部门、用户，然后设置相应的权限，如图 2-18 所示。

图 2-18　添加部门、用户与设置权限

2. 发布产品

将产品的需求、计划与文档进行发布，如图 2-19 所示。发布资产管理系统，设置各个产品模块，如图 2-20 所示。

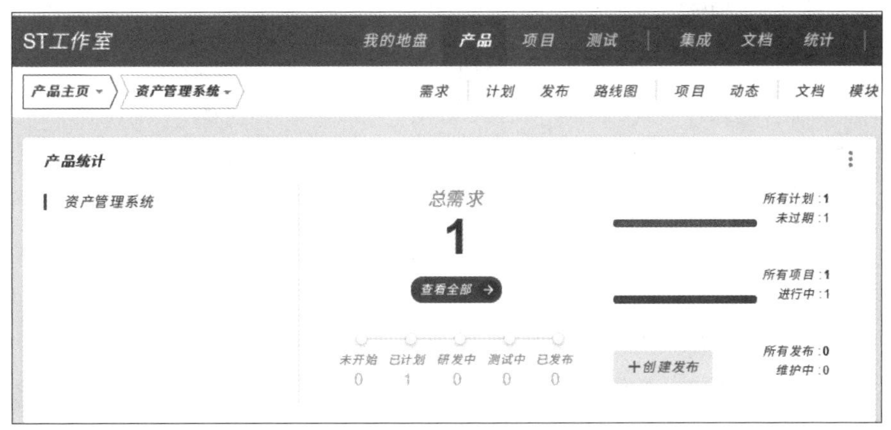

图 2-19　发布产品

3. 发布项目

发布测试的项目，与发布的产品进行关联，如图 2-21 所示。

4. 进行测试

当项目发布完毕后就可以进行测试了。首先需要进行测试用例的编写，如图 2-22 所示，可以在线编写，也可以在 Excel 中写好测试用例后导入。

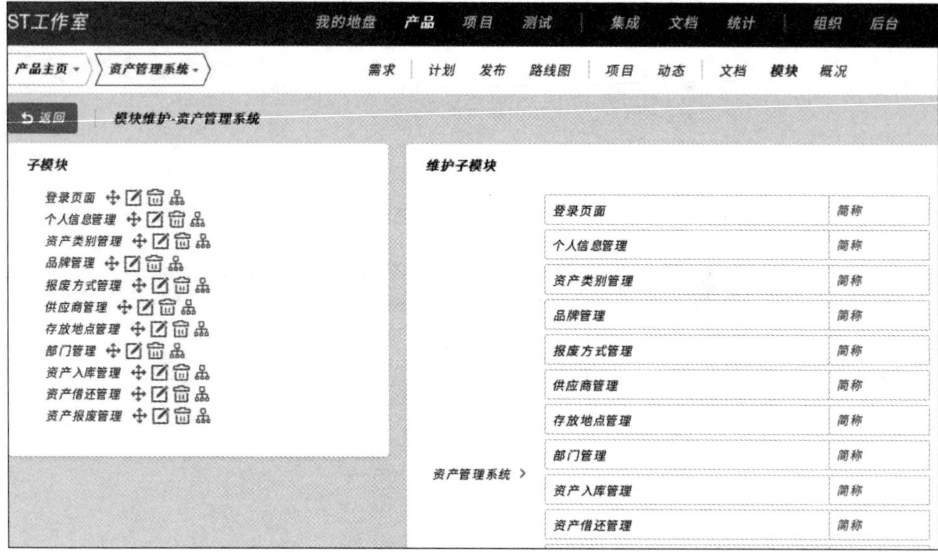

图 2-20　设置产品模块

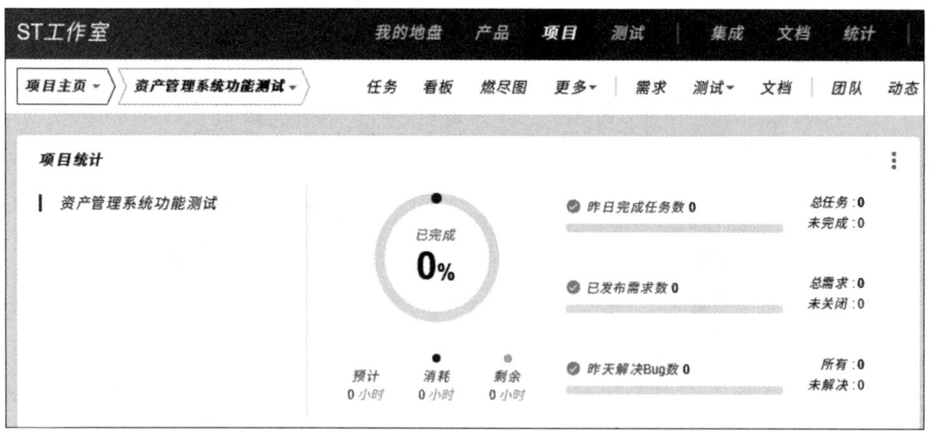

测试主页　资产管理系统　Bug　功能测试　测试单　报告　套件　用例库

所有模块　所有 55　需求变动　需求分组　套件　零用例需求　搜索　导出　导入　+ 批量建用例　+ 建用例

登录页面
个人信息管理
资产类别管理
品牌管理
报废方式管理
供应商管理
存放地点管理
部门管理
资产入库管理
资产借还管理
资产报废管理
维护模块
模块设置

ID	P	用例标题	用例类型	创建	执行人	执行时间	结果	状态	B	R	S	操作
066	3	确认密码错误（与新密码不一致）进行	功能测试	admin	admin	6/29 15:06	通过	正常	0	1	3	
065	3	确认密码错误（空）进行修改密码	功能测试	admin	admin	6/29 15:06	通过	正常	0	1	3	
064	3	新密码错误（相同字母）进行修改密	功能测试	admin	admin	6/29 15:07	失败	正常	1	1	3	
063	3	新密码错误（连续字母）进行修改密	功能测试	admin	admin	6/29 15:08	失败	正常	1	1	3	
062	3	新密码错误（相同数字）进行修改密	功能测试	admin	admin	6/29 15:08	失败	正常	1	1	3	
061	3	新密码错误（连续数字）进行修改密	功能测试	admin	admin	6/29 15:05	失败	正常	1	1	3	
060	3	新密码错误（含特殊字符）进行修改	功能测试	admin	admin	6/29 15:05	通过	正常	0	2	3	
059	3	新密码错误（大于20位）进行修改密	功能测试	admin	admin	6/29 15:05	通过	正常	0	2	3	
058	3	新密码错误（小于6位）进行修改密码	功能测试	admin	admin	6/29 15:05	通过	正常	0	2	3	
057	3	新密码错误（空）进行修改密码	功能测试	admin	admin	6/29 15:06	通过	正常	0	2	3	

图 2-22　测试用例的编写

5. 执行测试用例

执行测试用例后，如果实际的结果与预期的结果不一致，则需要单击“转 Bug”按钮，如图 2-23 所示，对发现的 Bug 进行描述并提交。

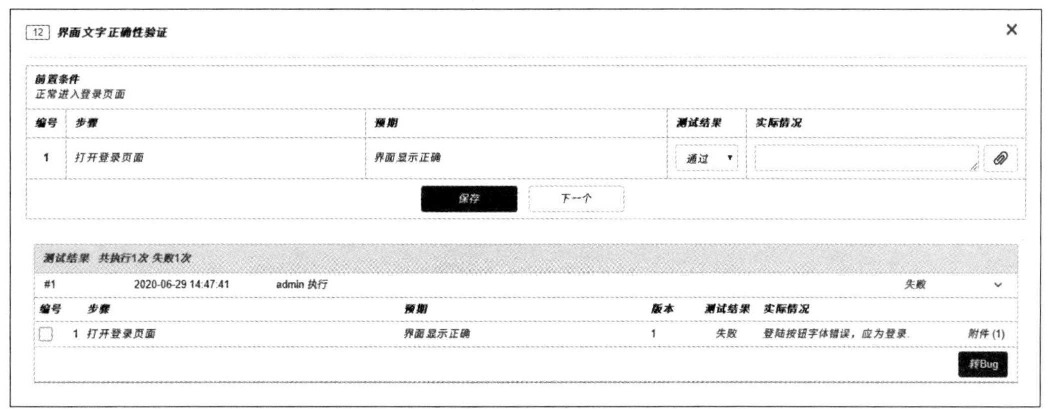

图 2-23 “转 Bug”按钮

6. Bug 汇总

通过 Bug 汇总界面可以看到 Bug 汇总结果，如图 2-24 所示。。

所有模块 | 所有 未关闭 10 由我创建 指派给我 由我解决 待关闭 未解决 更多 搜索 报表 导出 +批量提Bug +提Bug

登录页面 个人信息管理 资产类别管理 品牌管理 报废方式管理 供应商管理 存放地点管理 部门管理 资产入库管理 资产借还管理 资产报废管理 维护模块

ID	级别	P	确认	Bug标题	状态	创建者	创建日期	指派给	方案	操作
010	3	3	否	新密码为相同数字可以修改密码	激活	admin	06-29 15:08	代林		
009	3	3	否	新密码为连续字母可以修改密码	激活	admin	06-29 15:08	代林		
008	3	3	否	新密码为相同字母可以修改密码	激活	admin	06-29 15:07	代林		
007	3	3	否	新密码为连续数字可以修改密码	激活	admin	06-29 15:05	代林		
006	3	3	否	修改的手机号含字母可以保存	激活	admin	06-29 15:02	代林		
005	3	3	否	修改的手机号小于11位可以保存	激活	admin	06-29 14:59	代林		
004	3	3	否	修改的手机号不以1开头可以保存	激活	admin	06-29 14:57	张明龙		
003	3	3	否	"换一张? "按钮功能检查	激活	admin	06-29 14:53	代林		
002	3	3	否	界面排版、色彩搭配合理性验证	激活	admin	06-29 14:51	张明龙		

图 2-24 Bug 汇总

7. 生成测试报告

可以对提交的 Bug 进行汇总并用图例展示，如图 2-25 所示。对整个测试过程生成测试报告，如图 2-26 所示。

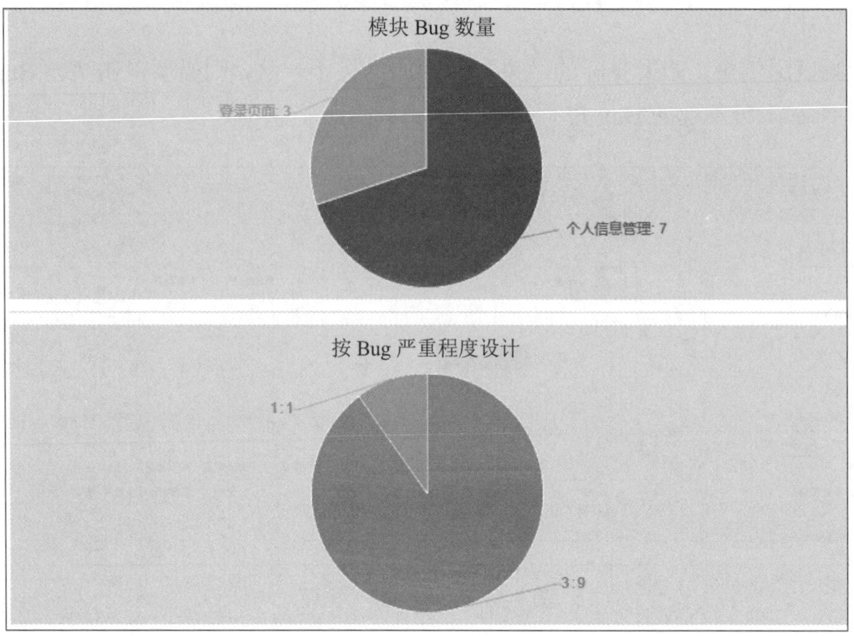

图 2-25　Bug 汇总图例

图 2-26　生成测试报告

【思考与练习】

理论题

为什么要使用测试管理工具？

实训题

使用禅道对某个系统（自己选择）的测试过程进行管理。

单元 3　Selenium 自动化测试

单元导读

自动化测试是把以人为驱动的测试行为转换成为机器执行的一种过程，比如对浏览器窗口的各种操作和各种元素的定位。本单元主要采用 Python+PyCharm+Selenium+Chrome 的测试环境，利用 id、name、class_name、tag_name、text、partial_text、xpath 和 css_selector 8 种元素定位法，模拟人进行键盘鼠标单击、滚动条滚动、切换窗口、切换表单、处理弹出警告框、上传文件等一系列的操作，达到自动化测试的目的。

教学目标

- 掌握自动化测试环境的配置方法
- 理解自动化测试与手工测试的区别
- 掌握 id、name、class_name、tag_name、text、partial_text、xpath 和 css_selector 8 种元素定位法
- 掌握模拟键盘鼠标进行单击、滚动条滚动、切换窗口、切换表单、处理弹出警告框、上传文件等一系列操作的脚本编辑方法

任务1 Selenium 自动化测试基础知识

任务描述

对浏览器窗口的操作主要有：最大化、最小化、前进、后退、刷新、关闭等，利用自动化测试脚本可以模拟人对浏览器窗口的一系列操作。

任务要求

写脚本模拟完成对浏览器窗口的各种操作。

（1）引入 Selenium。

（2）打开 Chrome 浏览器。

（3）最大化浏览器窗口。

（4）进入百度页面。

（5）进入百度贴吧页面。

（6）后退然后前进。

（7）刷新页面。

（8）分别打印页面标题以及设置等待时间。

（9）关闭浏览器。

知识链接

传统的软件测试采用手工执行的方式，具有执行效率低、容易出错等特点，特别是在进行回归测试时，属于一种重复性劳动。为了节省人力、时间及硬件资源，提高测试效率，便引入了自动化测试的概念。

自动化软件测试是把以人为驱动的测试行为转化为机器执行的一种过程，是通过测试工具、测试脚本（ Test Scripts）等手段，按照测试工程师的预定计划对软件产品进行自动的测试，从而验证软件是否满足用户的需求。

一、自动化测试的特点

1. 自动化测试的优势

传统的手工测试既耗时又单调，需要投入大量的人力资源。有时由于时间限制，导致无法在应用程序发布前彻底地手动测试所有功能，这就有可能未检测到应用程序中存在的严重错误。而自动测试极大地加快了测试流程，从而解决了上述问题。通过创建用于检查软件所有方面的测试，然后在每次软件代码更改时运行这些测试，即可大大缩短软件的测试周期。同时，由于自动化测试把测试人员从简单重复的机械劳动中解放出来，使测试人员承担测试工具无法替代的测试任务，也可以大大地节省人力资源，从而降低测试成本。

另外，自动化测试可以提高测试质量，如在性能测试领域，可以进行负载压力测试、大数据量测试等；由于测试工具可以精确重现测试步骤和顺序，可大大提高缺陷的可重现率；另外，利用测试工具的自动执行功能，可以提高测试的覆盖率。表 3-1 列出了自动化测试的优点。

表 3-1　自动化测试的优点

优点	描述
快速	自动化测试的运行比实际用户快得多
可靠	自动化测试每次运行时都会准确执行相同的操作，因此消除了人为的错误
可重复	可以通过重复执行相同的操作来测试软件的反应
可编程	可以编写复杂的测试脚本来找出隐藏的信息
全面	可以建立一套测试来测试软件的所有功能
可重用	可以在不同版本的软件上重复使用测试，甚至在用户界面更改的情况下也不例外

2. 自动化测试的局限性

自动化测试借助了计算机的计算能力，可以重复地、精确地进行测试，但是因为工具是缺乏思维能力的，因此在以下方面，它永远无法取代手工测试。

（1）测试用例的设计。

（2）界面和用户体验的测试。

（3）正确性的检查。

目前，在实际工作中，仍然是以手工测试为主，自动化测试为辅。

二、软件自动化测试的选择

1. 自动化测试的适用条件

自动化测试的适用条件如下：

（1）软件需求变动不频繁。测试脚本的稳定性决定了自动化测试的维护成本。如果软件需求变动过于频繁，测试人员需要根据变动的需求来更新测试用例以及相关的测试脚本，而脚本的维护本身就是一个代码开发的过程，需要进行修改、调试，必要时还要修改自动化测试的框架，如果所花费的成本不低于利用其节省的测试成本，那么自动化测试便是失败的。若项目中的某些模块相对稳定，某些模块需求变动性很大，便可对相对稳定的模块进行自动化测试，而对变动较大的模块仍是用手工测试。

（2）软件项目周期比较长。自动化测试需求的确定、自动化测试框架的设计、测试脚本的编写与调试均需要相当长的时间来完成，这样的过程本身就是一个测试软件的开发过程，需要较长的时间来完成。如果项目的周期比较短，没有足够的时间去支持这样一个过程，那么自动化测试便是失败的。

（3）自动化测试脚本可重复使用。如果费尽心思开发了一套近乎完美的自动化测试脚本，但是脚本的重复使用率很低，致使其间所耗费的成本大于所创造的经济价值，那么自动化测试便成了测试人员的练手之作，而并非是真正可产生效益的测试手段了。

另外，在手工测试需要投入大量的时间与人力时，也需要考虑引入自动化测试，比如性能测试、配置测试和大数据量输入测试等。

2. 自动化测试方案的选择

在企业内部通常存在许多不同种类的应用平台，应用开发技术也不尽相同，甚至在一个应用中可能跨越了多种平台，或同一应用的不同版本之间存在技术差异，所以选择软件自动化测试方案时必须深刻理解这一选择可能带来的变动，如来自诸多方面的风险和成本开销。企业用户在进行软件测试自动化方案的选型时，应参考的原则有以下几种：

（1）选择用尽可能少的自动化产品覆盖尽可能多的平台，以降低产品投资和团队的学习成本。

（2）通常应该优先考虑测试流程管理自动化，以满足为企业测试团队提供流程管理支持的需求。

（3）在投资有限的情况下，性能测试自动化产品将优先于功能测试自动化产品。

（4）在考虑产品性价比的同时，应充分关注产品的支持服务和售后服务的完善性。

（5）尽量选择趋于主流的产品，以便通过行业间交流甚至网络等方式获得更为广泛的经验和支持。

（6）应对自动化测试方案的可扩展性提出要求，以满足企业不断发展的技术和业务需求。

3. 自动化测试的具体要求

自动化测试的具体要求如下：

（1）介入的时机。过早地进行自动化测试会带来维护成本的增加，因为早期的系统界面一般不够稳定，此时可以根据界面原型提供的控件来尝试工具的适用性。待界面确定后，再根据选择的工具进行自动化测试。

（2）对自动化测试工程师的要求。自动化测试工程师必须具备一定的工具使用基础和自动化测试脚本开发的基础知识，还要了解各种测试脚本的编写和设计。

三、自动化测试环境的配置

自动化测试环境的配置

1. 安装 Python 3.5

（1）双击 Python 安装文件，出现如图 3-1 所示的窗口，选中窗口中的复选框，将相应内容添加到环境变量，选择自定义安装命令“Customize installation”，弹出如图 3-2 所示的“选项特征”窗口。

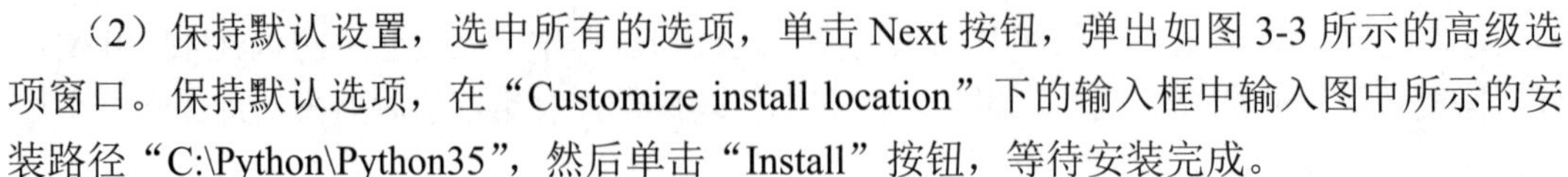

（2）保持默认设置，选中所有的选项，单击 Next 按钮，弹出如图 3-3 所示的高级选项窗口。保持默认选项，在“Customize install location”下的输入框中输入图中所示的安装路径“C:\Python\Python35”，然后单击“Install”按钮，等待安装完成。

图 3-1 勾选添加相应内容到环境变量

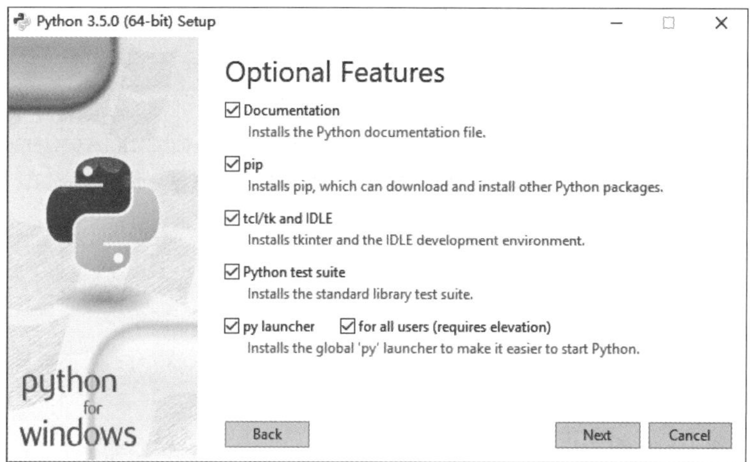

图 3-2 “选项特征”窗口

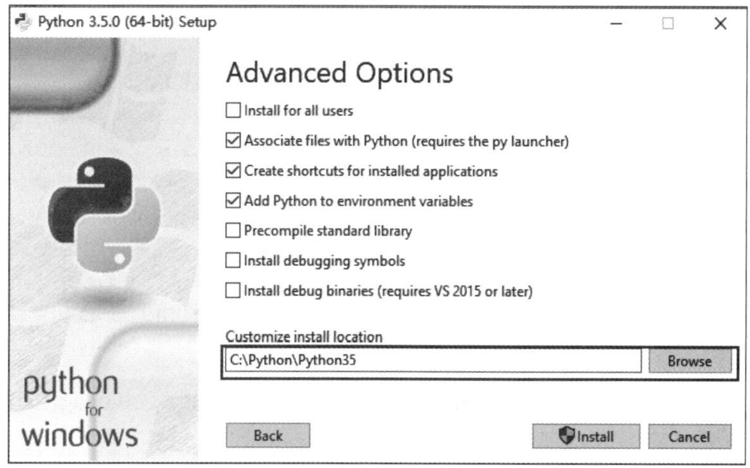

图 3-3 “高级选项”窗口

（3）打开 cmd 命令窗口，输入“python”，弹出如图 3-4 所示的信息，表明 Python 安装成功。

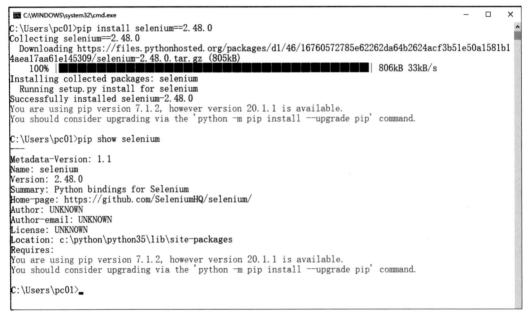

```
C:\WINDOWS\system32\cmd.exe - python
C:\Users\pc01>python
Python 3.5.0 (v3.5.0:374f501f4567, Sep 13 2015, 02:27:37) [MSC v.1900 64
bit (AMD64)] on win32
Type "help", "copyright", "credits" or "license" for more information.
>>> _
```

图 3-4　命令显示成功安装

2. 安装 Selenium 2.48.0

打开 cmd 命令窗口，输入“pip install selenium==2.48.0”，安装成功后，会显示信息“Successfully installed selenium-2.48.0”。接着执行命令 pip show selenium，可以查看 Selenium 版本，界面显示的信息为“Version: 2.48.0”，如图 3-5 所示。

```
C:\WINDOWS\system32\cmd.exe
C:\Users\pc01>pip install selenium==2.48.0
Collecting selenium==2.48.0
  Downloading https://files.pythonhosted.org/packages/d1/46/16760572785e62262da64b2624acf3b51e50a1581b1
4aea17aa61e145309/selenium-2.48.0.tar.gz (805kB)
    100% |████████████████████████████████| 806kB 33kB/s
Installing collected packages: selenium
  Running setup.py install for selenium
Successfully installed selenium-2.48.0
You are using pip version 7.1.2, however version 20.1.1 is available.
You should consider upgrading via the 'python -m pip install --upgrade pip' command.

C:\Users\pc01>pip show selenium
---
Metadata-Version: 1.1
Name: selenium
Version: 2.48.0
Summary: Python bindings for Selenium
Home-page: https://github.com/SeleniumHQ/selenium/
Author: UNKNOWN
Author-email: UNKNOWN
License: UNKNOWN
Location: c:\python\python35\lib\site-packages
Requires:
You are using pip version 7.1.2, however version 20.1.1 is available.
You should consider upgrading via the 'python -m pip install --upgrade pip' command.

C:\Users\pc01>_
```

图 3-5　成功安装 Selenium 2.48.0

3. 安装 Google Chrome 浏览器和对应的驱动

安装 Google Chrome 浏览器的步骤如下：

（1）下载 Google Chrome 驱动并安装，单击 Google Chrome 的帮助，查看到版本为 81.0.4044.138，如图 3-6 所示。

在浏览器地址栏输入下载地址：http://chromedriver.storage.googleapis.com/index.html，界面如图 3-7 所示，选择浏览器版本对应的驱动进行下载。

图 3-6　查看 Google Chrome 版本

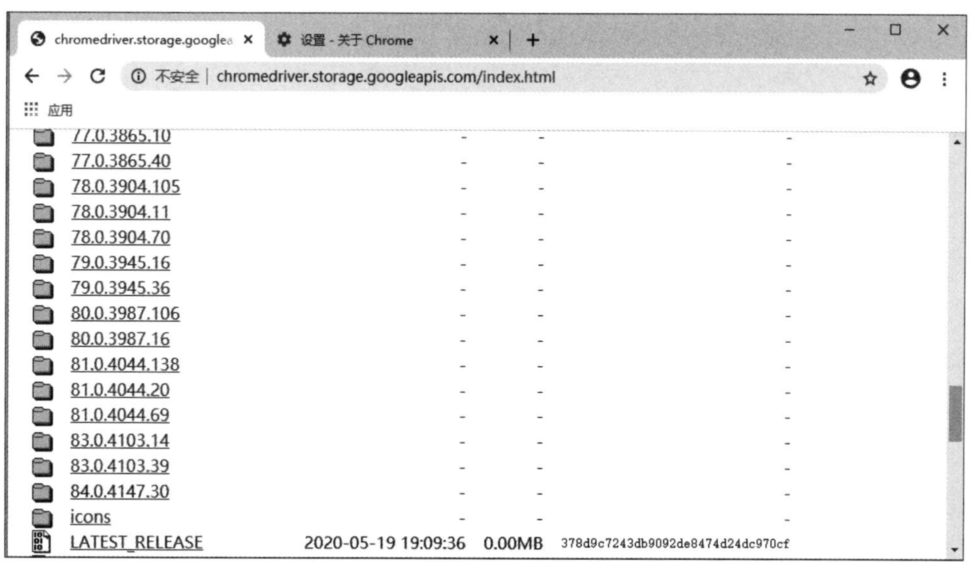

图 3-7　下载 Google Chrome 驱动

（2）下载后将驱动文件 chromedriver.exe 复制到 Google Chrome 对应的安装目录“C:\Program Files (x86)\Google\Chrome\Application”下即可。

4. 设置环境变量

右击“此电脑”，选择“属性”→“高级系统设置”→“环境变量”命令，在弹出的对话框中双击系统变量中的 Path，在弹出的对话框中单击“新建”按钮，设置环境变量路径为“C:\Program Files (x86)\Google\Chrome\Application”，如图 3-8 所示。

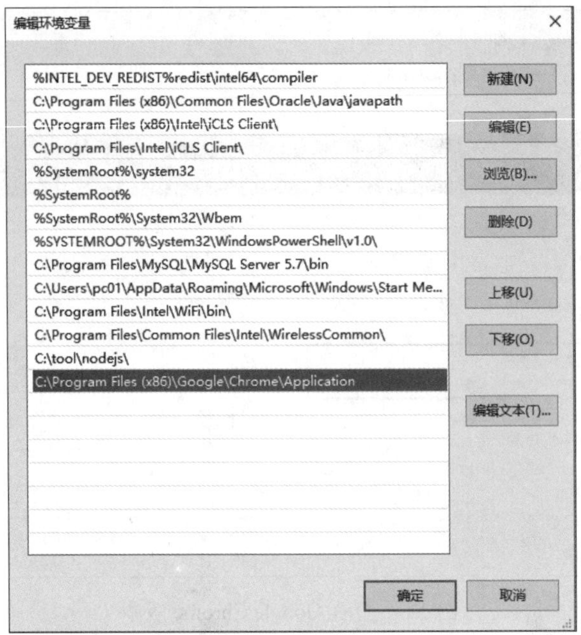

图 3-8　设置环境变量路径

5. 安装 PyCharm

双击安装文件，弹出如图 3-9 所示的“欢迎安装 PyCharm 社区版”对话框，单击 Next 按钮，可以全部保持默认设置，直到安装完成。

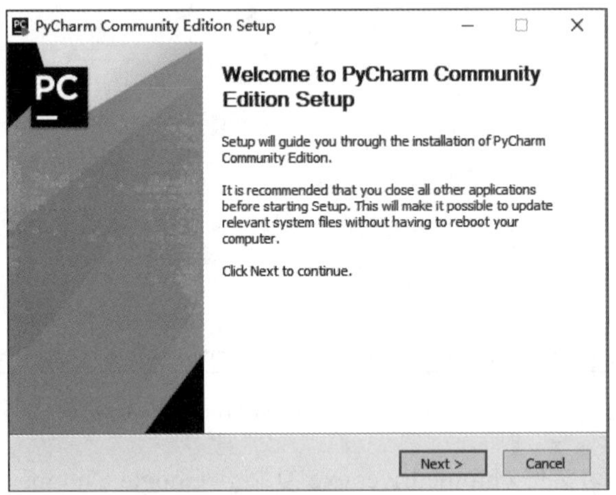

图 3-9　安装 PyCharm

四、Selenium 的基本操作

Selenium 的基本操作如下：

（1）引入 Selenium 模块。

```
from selenium import webdriver
```

（2）启动 Chrome 浏览器。

```
driver = webdriver.Chrome()
```

（3）打开网页。

```
driver.get()
```

（4）浏览器窗口最大化。

```
driver.maximize_window()
```

（5）退出浏览器。

```
driver.quit()
```

（6）等待时间。

```
time.sleep()
```

（7）关闭窗口。

```
driver.close()
```

（8）前进。

```
driver.forward()
```

（9）后退。

```
driver.back()
```

（10）刷新。

```
driver.refresh()
```

（11）打印。

```
print()
```

（12）获取打开网址的标题。

```
driver.title
```

任务实施

浏览器窗口的基本操作

浏览器窗口的基本操作

具体的脚本如下：

```
from selenium import webdriver  # 导入 Selenium
from time import sleep          # 导入 sleep
driver=webdriver.Chrome()       # 打开 Chrome 浏览器
driver.maximize_window()        # 最大化浏览器窗口
sleep(3)                        # 设置等待时间 3s
driver.get("https://www.baidu.com/")    # 打开百度窗口
print(driver.title)             # 打印百度窗口标题
sleep(3)                        # 设置等待时间 3s
driver.get("https://tieba.baidu.com/index.html") # 打开百度贴吧窗口
print(driver.title)     # 打印百度贴吧窗口标题
sleep(3)
driver.back()       # 页面回退
```

```
sleep(3)
driver.forward()          # 页面前进
sleep(3)
driver.refresh()          # 页面刷新
sleep(3)
driver.quit()             # 窗口关闭
```

【思考与练习】

理论题

浏览器窗口的基本操作有哪些？

实训题

编写脚本模拟百度首页“新闻”“hao123”“地图”“视频”“学术”等窗口的切换。

任务 2　Selenium 8 种元素定位法

任务描述

在 UI 层面的自动化测试中，元素的定位与操作是基础，但却是编写自动化测试脚本时最常用和最重要的部分，也是经常遇到的困难所在。WebDriver 提供了 8 大元素定位方法：id、name、class_name、link_text、partial_link_text、tag_name、xpath 和 css_selector。

任务要求

用 QQ 邮箱登录并发送一封简单的邮件，登录界面如图 3-10 所示，发送邮件内容如图 3-11 所示。

图 3-10　QQ 邮箱登录界面

图 3-11　发送邮件内容

知识链接

一、通过 id 定位

通过 id 定位的方法：find_element_by_id()。

例：打开百度首页，通过 id 定位到搜索框，然后输入“通过 id 定位”。

具体的操作步骤如下：

（1）打开百度首页，在百度输入框中右击，选择“检查”命令，或者直接按 F12 键，如图 3-12 所示。

（2）高亮状态就是百度输入框对应的属性。

```
<input id="kw" class="s_ipt" type="text" autocomplete="off" maxlength="100" name="wd">
```

从定位到的元素属性中看到有个 id 属性：id="kw"，可以通过它定位到这个元素。

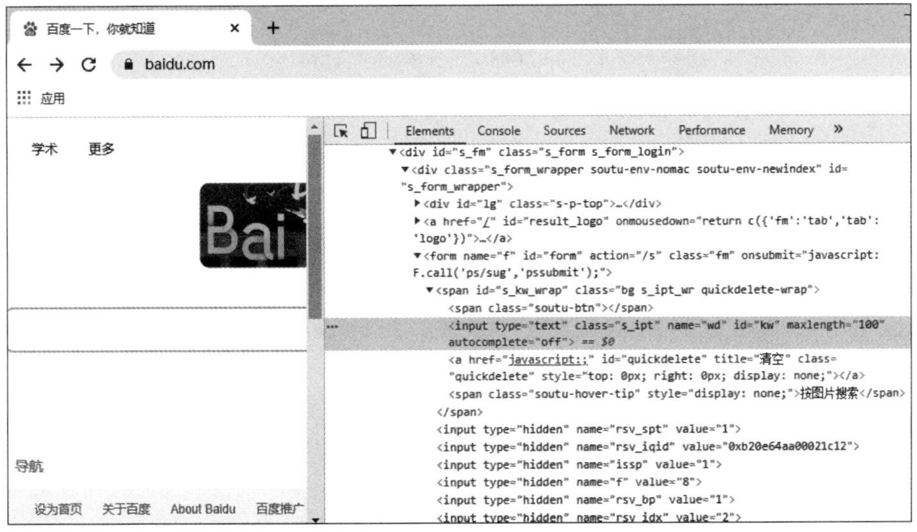

图 3-12　百度首页

（3）定位到搜索框后，用 send_keys() 方法输入文本“通过 id 进行定位”。

具体的脚本如下所示：

```
from selenium import webdriver  # 引入 Selenium 模块
driver=webdriver.Chrome()       # 打开谷歌浏览器
driver.get("https://www.baidu.com/")  # 打开百度首页
driver.find_element_by_id("kw").send_keys(" 通过 id 进行定位 ")
 # 通过 id 定位百度输入框
```

二、通过 name 定位

通过 name
定位元素

通过 name 定位的方法：find_element_by_name()。

例：打开百度首页，通过 name 定位到搜索框，然后输入“通过 name 定位”。

通过观察图 3-12 的百度首页，得到百度输入框的 name 是 "wd"，具体的脚本如下：

```
from selenium import webdriver  # 引入 Selenium 模块
driver=webdriver.Chrome()       # 打开谷歌浏览器
driver.get("https://www.baidu.com/")  # 打开百度首页
driver.find_element_by_name("wd").send_keys(" 通过 name 进行定位 ")
# 通过 name 定位百度输入框
```

三、通过 class_name 定位

通过 class_
name 定位元素

通过 class_name 定位的方法：find_element_by_class_name()。

例：打开百度首页，通过 class_name 定位到搜索框，然后输入“通过 class_name 定位”。

从图 3-12 中得到百度搜索框的 class_name 是“s_ipt”，具体的脚本如下：

```
from selenium import webdriver
driver=webdriver.Chrome()
driver.get("https://www.baidu.com/")
driver.find_element_by_class_name("s_ipt").send_keys(" 通过 class name 定位 ")
```

四、通过 tag_name 定位

通过 tag_name
定位元素

通过 tag_name 定位的方法：find_element_by_tag_name()。

例：打开百度首页，通过 tag_name 定位到“百度图标”。

如图 3-13 所示，从定位到的元素属性中，可以看到每个元素都有 tag（标签）属性，如百度图标的标签属性，就是最前面是 area 的行。

具体的脚本如下：

```
from selenium import webdriver
driver=webdriver.Chrome()
driver.get("https://www.baidu.com/")
driver.find_element_by_tag_name("area").click()
```

说明：单击百度图标用的事件是 click()。

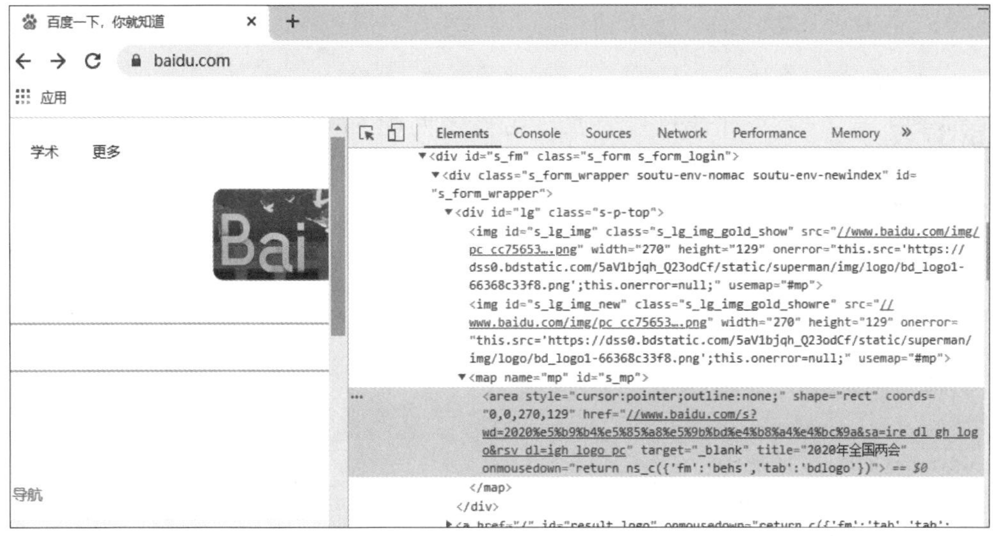

图 3-13　百度图标 tag_name

五、通过 link_text 定位

通过 link_text 定位元素

通过 link_text 定位的方法：find_element_by_link_text()。

例：打开百度首页，通过 link_text 定位到“hao123”，如图 3-14 所示。

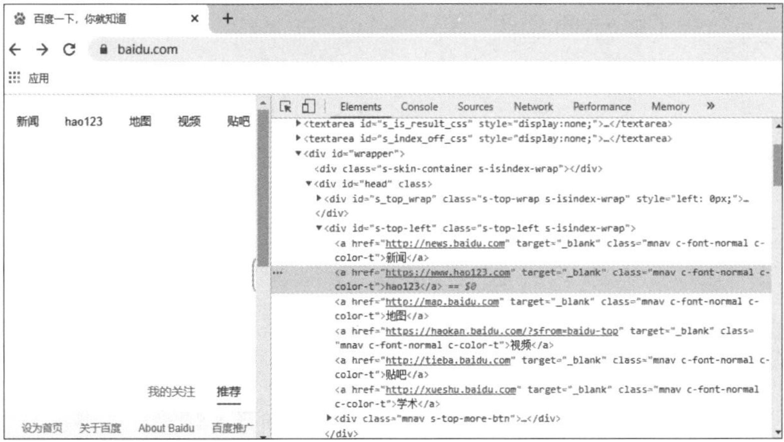

图 3-14　“hao123”页面元素

查看页面元素：

```
<a class="mnav" target="_blank" href="http://www.hao123.com">hao123</a>
```

从元素属性可以分析出，有一项为 href = "http://www.hao123.com，说明它是个超链接。

具体脚本如下：

```
from selenium import webdriver
driver=webdriver.Chrome()
driver.get("https://www.baidu.com/")
driver.find_element_by_link_text("hao123").click()
```

六、通过 partial_link_text 定位

通过 partial_link_text 定位元素

通过 partial_link_text 定位的方法：find_element_by_partial_link_text()。

例：打开百度首页，用模糊匹配 partial_link_text 定位百度页面上“hao123”按钮。

有时候一个超链接的字符串可能比较长，如果输入全称会显示很长，这时候可以用模糊匹配方式，截取其中一部分字符串就可以了，如“hao123”，只输入“ao123”也可以定位到。

例：用模糊匹配定位百度页面上“hao123”按钮。

具体的脚本如下：

```
from selenium import webdriver
driver=webdriver.Chrome()
driver.get("https://www.baidu.com/")
driver.find_element_by_partial_link_text("ao123").click()
```

七、通过 xpath 定位

通过 xpath 定位元素

通过 xpath 定位的方法：find_element_by_xpath()。

例：打开百度首页，用 xpath 定位到百度搜索框，并输入“通过 xpath 定位”。

xpath 即为 XML 路径语言，它是一种用来确定 XML 文档中某部分位置的语言。xpath 基于 XML 的树状结构，提供在数据结构树中找寻节点的能力。

首先了解 xpath 语法，见表 3-2。

表 3-2　xpath 语法

符号	名称	表示的意义
/	绝对路径	表示从 xml 的根位置开始或子元素（一个层次结构）
//	相对路径	表示不分任何层次结构的选择元素
*	通配符	表示匹配所有元素
[]	条件	表示选择什么条件下的元素
@	属性	表示选择属性节点
and	关系	表示条件的与关系（等价于 &&）
text()	文本	表示选择文本内容

xpath 是一种路径语言，跟前面的定位方法不太一样，在页面元素对应的脚本处右击，选择 Copy →“Copy XPath”或“Copy full XPath”命令，如图 3-15 所示，然后在 PyCharm 中粘贴路径。

具体脚本如下所示：

```
from selenium import webdriver
driver=webdriver.Chrome()
driver.get("https://www.baidu.com/")
```

```
driver.find_element_by_xpath('//*[@id="kw"]').send_keys(" 通过 xpath 进行定位 ")
# 通过 xpath 方法定位到百度输入框
```

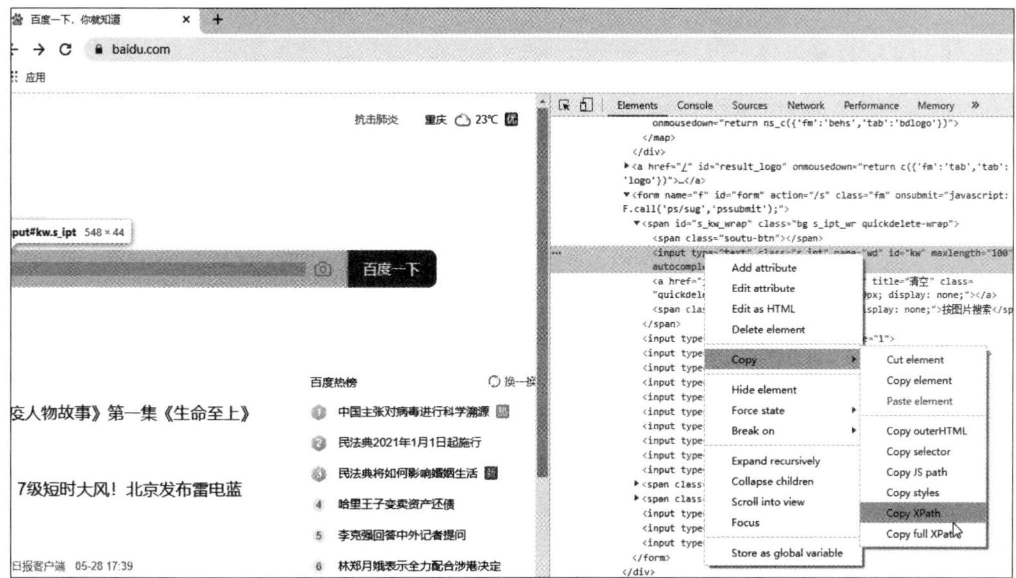

图 3-15　“Copy XPath”命令

八、通过 css_selector 定位

通过 css_selector 定位元素

通过 css_selector 定位的方法：find_element_css_selector()。

例：打开百度首页，用 css_selector 定位到百度搜索框，并输入“通过 css_selector 定位”。

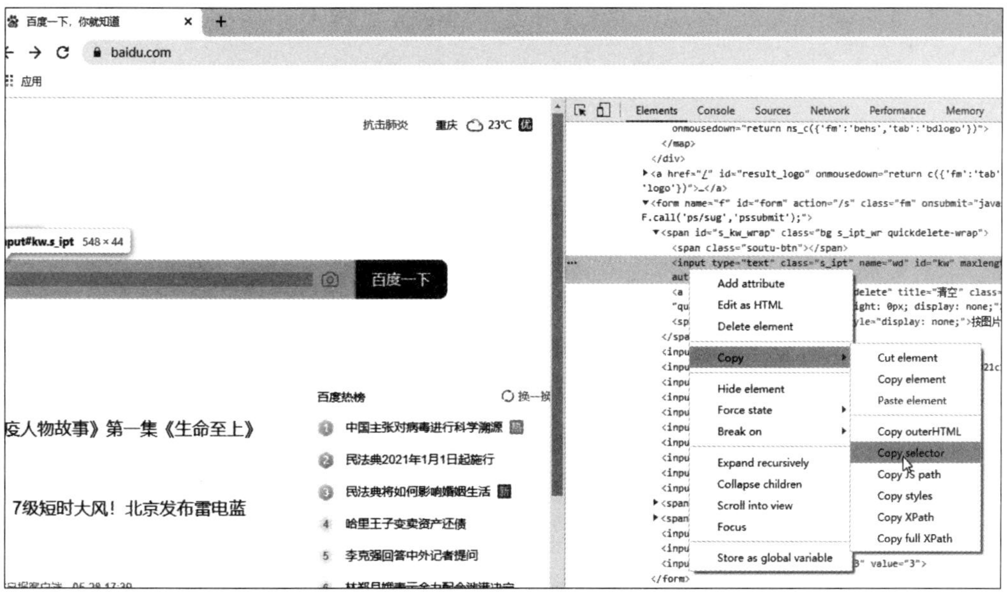

图 3-16　“Copy selector”命令

css 是另外一种通过路径导航实现某个元素的定位方法，此方法比 xpath 更为简洁，运行速度更快。在页面元素对应的脚本处右击，选择 Copy → “Copy selector” 命令，如图 3-16 所示，然后在 PyCharm 中粘贴 selector。

具体的脚本如下：

```
from selenium import webdriver
driver=webdriver.Chrome()
driver.get("https://www.baidu.com/")
driver.find_element_by_css_selector("#kw").send_keys(" 通过 css_selector 进行定位 ")
```

任务实施

利用 QQ 发送邮件

利用 QQ 邮箱发送一封电子邮件

（1）查找 QQ 号码输入框的属性，如图 3-17 所示，可以看到 id 为 “u”。

图 3-17　QQ 号码输入框属性

（2）查找 QQ 密码输入框的属性，如图 3-18 所示，可以看到 id 为 “p”。

图 3-18　QQ 密码输入框属性

（3）查找“登录”按钮的属性，如图 3-19 所示，可以看到 id 为 “go”。

图 3-19 “登录”按钮属性

（4）查找“写信”按钮的属性，只看到 class_name 属性，可以采用 xpath 定位法，如图 3-20 所示。

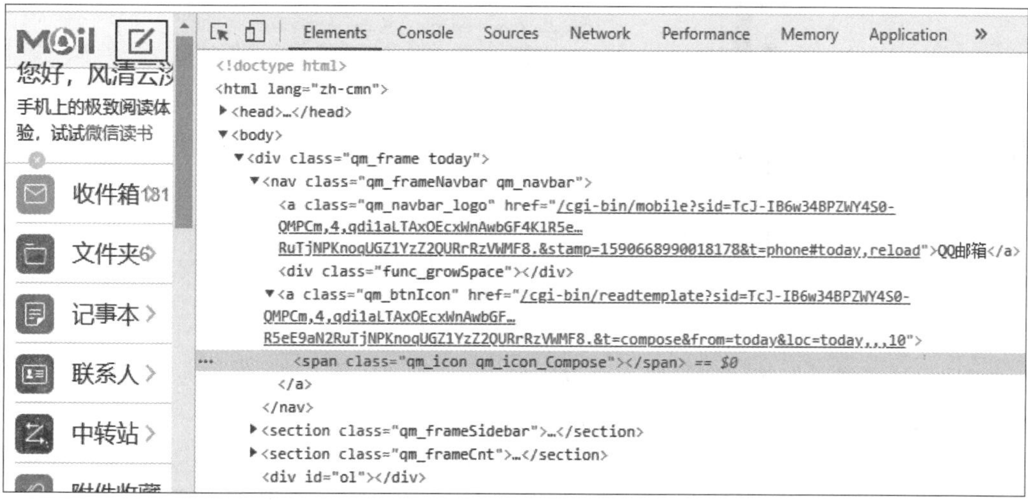

图 3-20 “写信”按钮属性

（5）查找“收件人”的属性，可以看到 id 为“showto”，如图 3-21 所示。

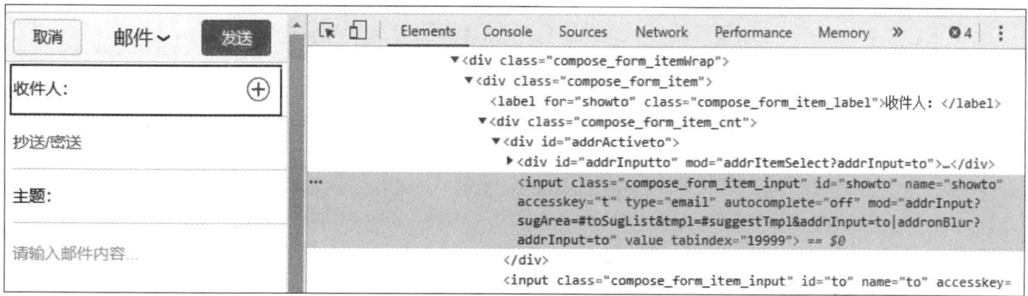

图 3-21 “收件人”属性

（6）查看邮件“主题”的属性，可以看到 id 为“subject”，如图 3-22 所示。

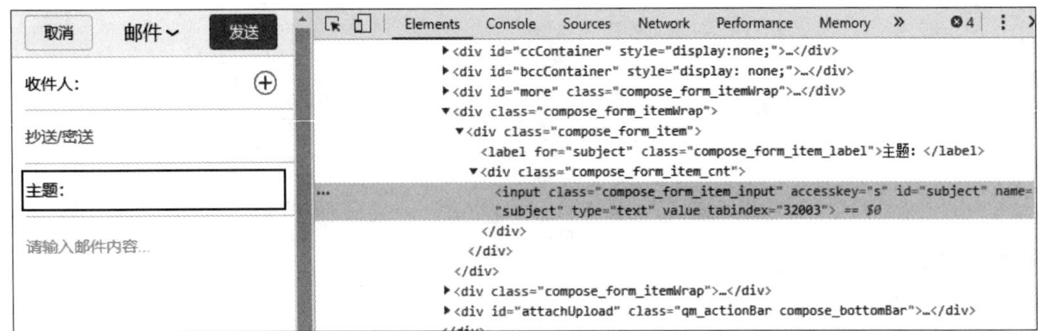

图 3-22　邮件“主题”属性

（7）查询邮件“内容”的属性，可以看到 id 为“content”，如图 3-23 所示。

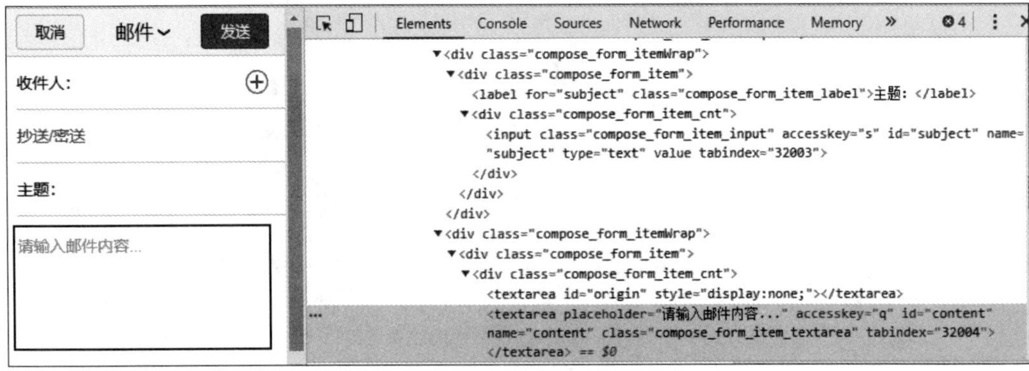

图 3-23　邮件“内容”属性

（8）查找“发送”按钮的属性，可以看到 name 为“RedirectY29tcG9zZV9zZW5kP21vYmlsZXNlbmQ9MSZzPQ__”，如图 3-24 所示。

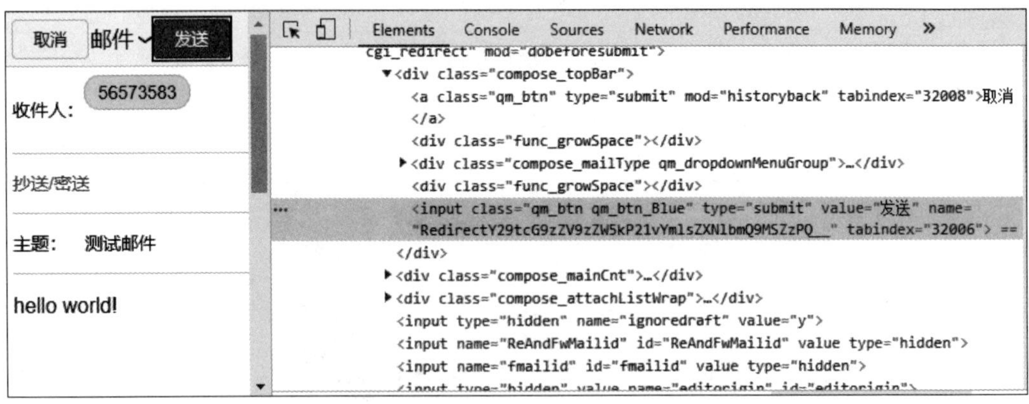

图 3-24　“发送”按钮属性

具体的脚本如下：

```
from selenium import webdriver
from time import sleep
```

```
driver = webdriver.Chrome()
driver.get('https://ui.ptlogin2.qq.com/cgi-bin/login?style=9&appid=522005705&daid=4&s_
    url=https%3A%2F%2Fw.mail.qq.com%2Fcgi-bin%2Flogin%3Fvt%3Dpassport%26vm%3Dwsk%
    26delegate_url%3D%26f%3Dxhtml%26target%3D&hln_css=http%3A%2F%2Fmail.qq.com%2Fzh_CN%
    2Fhtmledition%2Fimages%2Flogo%2Fqqmail%2Fqqmail_logo_default_200h.png&low_login=1&hln_
    autologin=%E8%AE%B0%E4%BD%8F%E7%99%BB%E5%BD%95%E7%8A%B6%E6%80%81
    &pt_no_onekey=1')  # 打开 QQ 邮箱登录首页
sleep(2)                 # 设置等待时间 2 秒
Username=" "             # 输入你自己的 QQ 号码
Password=" "             # 输入你自己的密码
driver.find_element_by_id("u").send_keys(username)
driver.find_element_by_id("p").send_keys(password)
driver.find_element_by_id("go").click()      # 单击“登录”按钮
sleep(3)                                     # 设置等待时间 3s
driver.find_element_by_xpath("/html/body/div/nav/a[2]").click()              # 单击“写信”按钮
driver.find_element_by_id("showto").send_keys("104861244@qq.com")            # 输入收件人
driver.find_element_by_id("subject").send_keys(" 自动化测试测试邮件 ")          # 输入主题
driver.find_element_by_id("content").send_keys("hello world")
driver.find_element_by_name("RedirectY29tcG9zZV9zZW5kP21vYmlsZXNlbmQ9MSZzPQ__").click()
# 单击“发送”按钮
```

【思考与练习】

理论题

页面元素定位法有哪几种？

实训题

途牛网国内机票测试。

（1）打开途牛国内机票预订官网 http://flight.tuniu.com/，界面如图 3-25 所示。

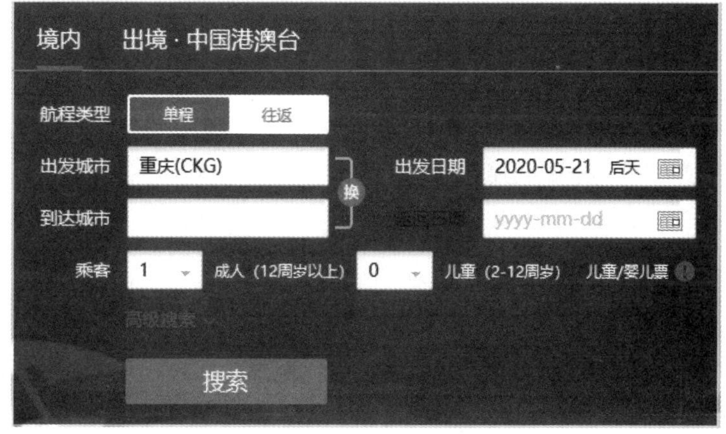

图 3-25 途牛网国内机票预订界面

（2）单击“单程”或“往返”按钮，分别输入出发和到达城市，单击“乘客”→“成人”后的下拉列表按钮，在下拉列表中选择 1 人，单击“高级搜索”按钮，在“舱位”下拉列表中选择“不限”,然后单击“搜索”按钮。同时需要考虑交换“出发”和“到达城市”，但不需要考虑日期和儿童票。

任务 3　Selenium 高级操作

任务描述

在自动化功能测试过程中，当用基本的 8 种元素定位方法定位不到的时候，会用到窗口切换、时间的隐性等待与强制等待、多表单切换、下拉滚动条等方法。同时在自动化测试过程中也会用到鼠标与键盘的操作、下拉列表选择、文件上传、页面截图、警告弹窗与验证码处理等。

任务要求

完成下述自动化测试。

（1）进入中国天气网。

（2）浏览器窗口最大化。

（3）单击“登录”按钮。

（4）输入账号“4284743@qq.com”。

（5）输入密码“jjj123456”。

（6）单击“登录”按钮，设置等待时间为 5s。

（7）鼠标悬停在右上角头像处。

（8）单击“个人中心”按钮，进入个人中心页面。

（9）在个人中心页面单击“头像设置”按钮。

（10）上传头像。

（11）单击“个人资料”按钮，进入个人资料页面。

（12）单击“城市”按钮。

（13）对弹出警告框进行处理。

（14）单击页面最上面的“专业产品”按钮，在同一个窗口打开相应页面。

（15）关闭浏览器。

知识链接

窗口切换

一、窗口切换

在进行页面操作时，我们经常会遇到单击某个链接，弹出新的窗口，这时候需要切换到新开的窗口上进行操作才能定位到元素的情形。Selenium 提供了 switch_to.window() 方法，可以实现在不同窗口之间的切换。窗口的切换有如下的一些操作：

- 获取当前窗口的名字：

```
print(driver.current_window_handle)
```

- 获取所有窗口的名字：

```
print(driver.window_handles)
```

- 获取第二个窗口的名字：

```
print(driver.window_handles[1])
```

- 进行窗口切换（id 表示要切换到的窗口的序号）：

```
driver.switch_to.window(driver.window_handles[id])
```

例：百度新闻页进行窗口之间的切换。

（1）打开百度首页，检查属性，如图 3-26 所示。可以看到“新闻”两个字，没有 id 也没有 name，采用 xpath 定位法，得到的路径为“//*[@id="s-top-left"]/a[1]”。

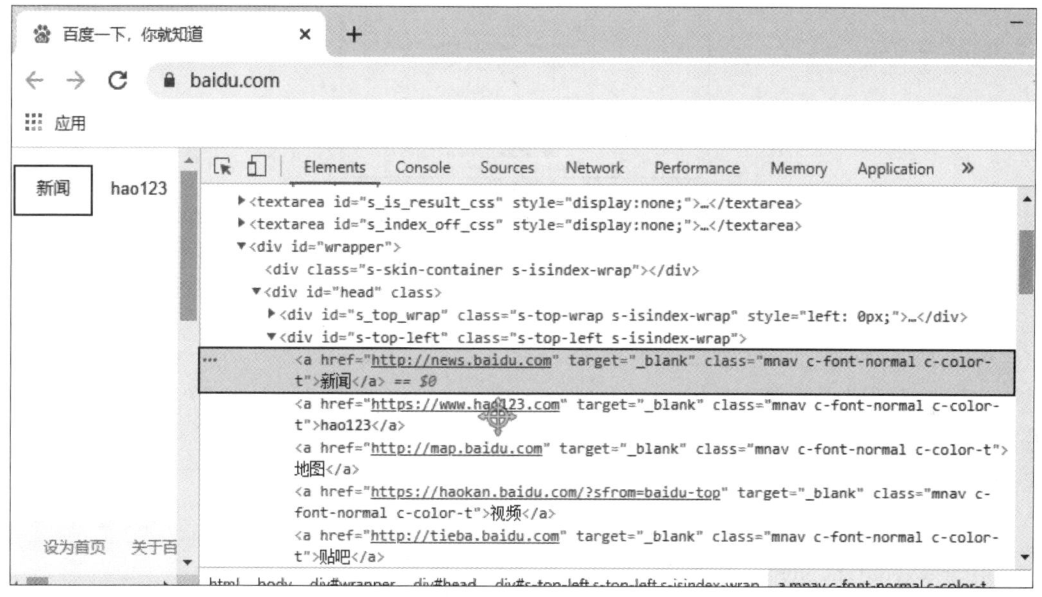

图 3-26　百度首页检查“新闻”标签元素

（2）打开百度新闻页面，检查“特殊时期全国两会 立起中国笃定前行路标”元素，可以看到文本，如图 3-27 所示，采用 link_text 定位法定位文本“特殊时期全国两会 立起中国笃定前行路标”。

（3）打开“特殊时期全国两会 立起中国笃定前行路标”页面，查找“十三届全国人大三次会议在京闭幕”元素，采用文本定位法定位文本“十三届全国人大三次会议在京闭幕”元素，如图 3-28 所示。

图 3-27　百度新闻页面检查“特殊时期全国两会　立起中国笃定前行路标”元素

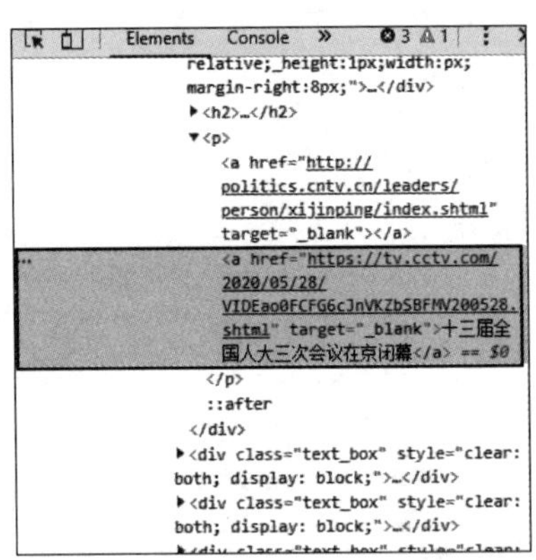

图 3-28　检查“十三届全国人大三次会议在京闭幕”元素

具体的脚本如下：

```
from selenium import webdriver
driver=webdriver.Chrome()
driver.get("https://www.baidu.com/")                                    # 打开百度首页
driver.find_element_by_xpath('//*[@id="s-top-left"]/a[1]').click()      # 打开百度新闻
driver.switch_to_window(driver.window_handles[1])                       # 切换到第 2 个窗口
driver.find_element_by_link_text(" 特殊时期全国两会 立起中国笃定前行路标 ").click()
print(driver.current_window_handle)          # 打印当前窗口的名字
print(driver.window_handles)                 # 打印所有窗口的名字
print(driver.window_handles[1])              # 打印第 2 个窗口的名字
sleep(5)
driver.switch_to_window(driver.window_handles[2])   # 切换到第 3 个窗口
driver.find_element_by_link_text(" 十三届全国人大三次会议在京闭幕 ").click()
```

二、submit 提交

在 selenium 自动化测试中，“单击”使用的方法是 click()，同时还有另外一个方法为

submit()。click() 方法就是单纯的单击一次；submit() 方法一般使用在有 form 标签的表单中。如“百度一下”按钮的“单击”事件最好使用 submit() 方法，如图 3-29 所示。

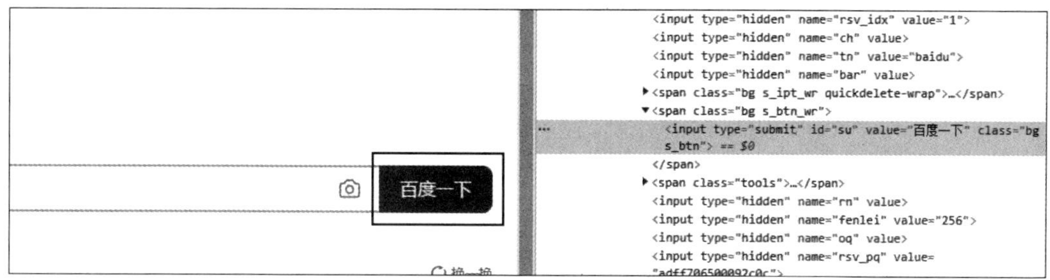

图 3-29　检查“百度一下”按钮

具体的脚本如下：

```
from selenium import webdriver
driver=webdriver.Chrome()
driver.get("https://www.baidu.com/")
driver.find_element_by_id("kw").send_keys("submit 提交 ")
driver.find_element_by_id("su").submit()
```

三、等待时间

在测试的过程中，我们经常发现脚本执行的时候展现出来的效果很快就结束了。为了观察执行效果，我们会增加一个等待时间来观察执行效果。这种等待时间只是为了便于观察，这种情况下是否包含等待时间是不会影响我们的执行结果的。但是，有一种情况会直接影响我们的执行结果，那就是在我们打开一个网站的时候，由于环境的因素导致页面没有下载完成时去定位元素，此时无法找到元素，这个时候我们增加一个等待时间就会显得十分重要。

什么是隐性的等待呢？隐性等待就是我们设置了一个等待时间范围，这个等待的时间是不固定的，最长的等待就是我们设置的最大值。

Implicit Waits() 为隐性等待模式，也叫智能等待，是 Selenium 提供的一个超时等待。等待一个元素被发现，或一个命令完成。如果超出了设置时间则抛出异常。

time.sleep() 为强制等待模式。设置等待最简单的方法就是进行强制等待，就是 time.sleep() 方法。不管是什么情况，让程序暂停运行一段时间，时间过后继续运行。强制等待模式的缺点是不智能，如果设置的时间太短，元素没有加载出来会报错；如果设置的时间太长，则会浪费时间。不要小瞧每次几秒的时间，出现的情形多了，代码量大了，很多个几秒就会影响整体的运行速度了，所以判定尽量少用强制等待时间。

强制等待是针对某一个元素进行等待时间判定；隐式等待不针对某一个元素进行等待时间判定，是针对全局元素进行等待。以下的脚本只在整个脚本中增加一个隐式等待时间。

```
from selenium import webdriver
driver=webdriver.Chrome()
driver.get("http://www.51zxw.net/")
```

```
driver.implicitly_wait(100)
driver.find_element_by_id("frm_login_url").click()
driver.find_element_by_id("loginStr").send_keys("speakj")
driver.find_element_by_id("pwd").send_keys("jjj123")
driver.find_element_by_class_name("btn").click()
driver.maximize_window()
driver.find_element_by_link_text(" 计算机基础知识教程 ").click()
driver.find_element_by_partial_link_text(" 计算机发展史 ").click()
```

四、删除页面元素属性

删除页面元素属性

在操作页面时，我们经常会遇到单击某个链接弹出新的窗口的情形，如果我们想让弹出的新窗口覆盖原来的窗口，使页面中总是只存在一个窗口时，Selenium 中使用 arguments 关键字即可实现此目的。

<a class="a3" mon="ct=1&a=1&c=top&pn=0" target="_blank" href="http://news.youth.cn/sz/201807/t20180713_11668523.htm"> 习近平 </a> 弹出新窗口页面元素	<a class="mnav" name="tj_trnews" href="http://news.baidu.com"> 新闻 </a> 不弹出新窗口页面元素 m">

图 3-30　弹出新窗口与不弹出新窗口的标签属性对照

通过观察图 3-30 所示的两个窗口中页面的 HTML 代码的区别，可得出结论：有 target 属性就会弹出新的窗口，如果想让链接不弹出新窗口，只要在代码执行时删除 target 属性就可以了。以进入百度新闻单击某个新闻热点文本标题进行超链接为例，删除 target 属性的步骤如下：

- 用 Selenium 定位“文本标题名”链接。

```
login_link=driver.find_element_by_link_text(" 文本标题名 ")
```

- 删除已找到的页面元素的 target 属性。

```
driver.execute_script("arguments[0].removeAttribute('target')", login_link)
```

其中 arguments[0] 的意思就是去掉字符串后面的第一个参数 login_link 的真正的值。

- 单击删除 target 属性后的这个页面元素。

```
login_link.click()
```

例：打开百度新闻，再打开“全国两会”新闻。

（1）打开百度首页，检查属性，如图 3-31 所示。可以看到“新闻”两个字，没有 id 也没有 name，采用 xpath 定位法，得到的路径为“//*[@id="s-top-left"]/a[1]”。

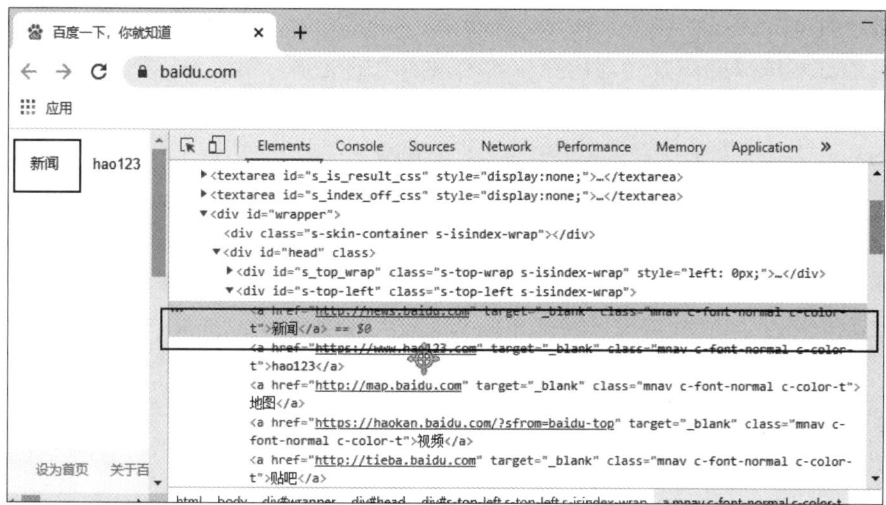

图 3-31 百度首页检查“新闻”元素

（2）打开百度新闻，检查“全国两会专题”元素，如图 3-32 所示，采用 link_text 定位法。

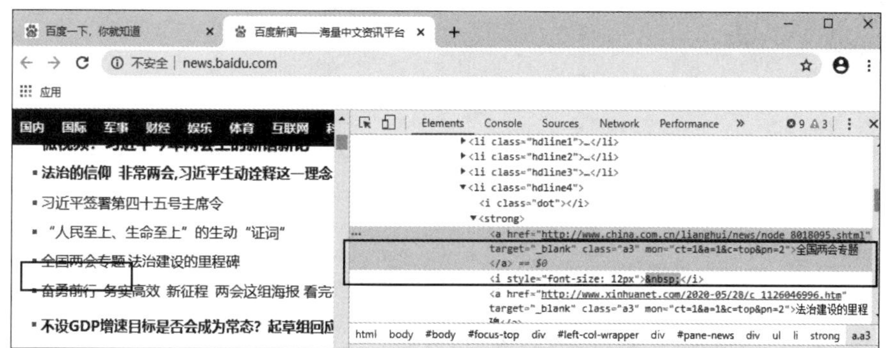

图 3-32 检查“全国两会专题”元素

具体的脚本如下：

```
from selenium import webdriver
from time import sleep
driver = webdriver.Chrome()
driver.maximize_window()
driver.get("https://www.baidu.com/")
news1=driver.find_element_by_xpath('//*[@id="s-top-left"]/a[1]')
driver.execute_script("arguments[0].removeAttribute('target')",news1)
news1.click()
news2=driver.find_element_by_link_text(" 全国两会专题 ")
driver.execute_script("arguments[0].removeAttribute('target')",news2)
news2.click()
```

五、多表单切换处理

切换表单

在 Web 应用中，前台网页的设计一般会用到 iframe/frame 表单嵌套页面的应用。简单地讲就是一个页面标签嵌套多个页面。Selenium WebDriver 只能在同一页面识别定位元素，可以狭隘地理解成只能识别当前所在位置的页面上的元素。对于不同的 iframe/frame 表单中的元素是无法直接定位的，所以需要对多表单进行处理。

Selenium 多表单处理方法有以下几点注意事项：

- Selenium 中使用 switch_to.frame() 方法切换到指定的 frame/iframe 中。
- switch_to.frame() 默认的是取表单的 id 和 name 属性。如果没有 id 和 name 属性，可通过 xpath 路径定位。
- 对表单操作完成之后可以通过 driver.switch_to.defaultContent(); 跳出表单。

例：以 QQ 登录窗口为例，输入用户名和密码，最后单击“客服中心”按钮。

（1）打开 QQ 邮箱网页“https://mail.qq.com/”，检查“账号密码登录”元素，可以看到该按钮在一个新表单中，id 为 login_frame，如图 3-33 所示。

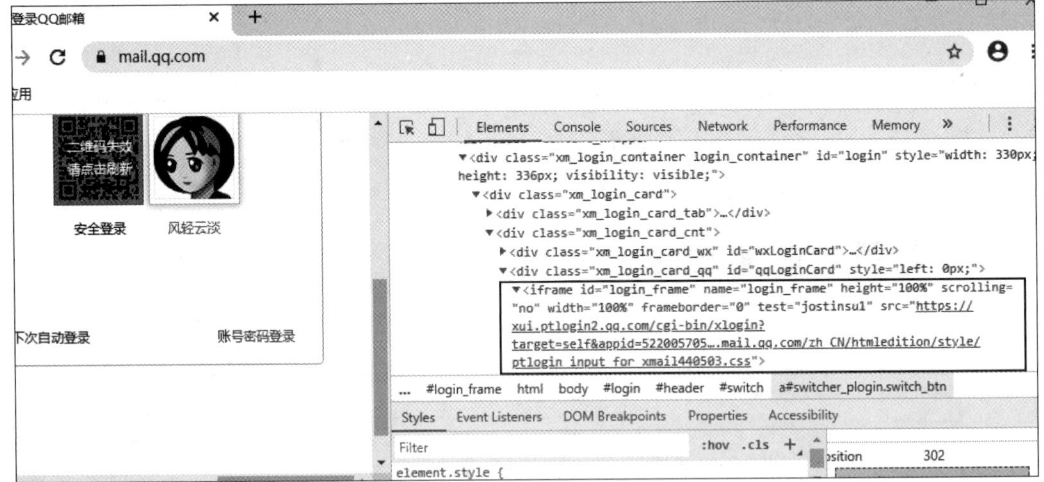

图 3-33　检查“账号密码登录”元素

（2）检查“QQ 号”输入框的元素，id 为“u”，如图 3-34 所示。

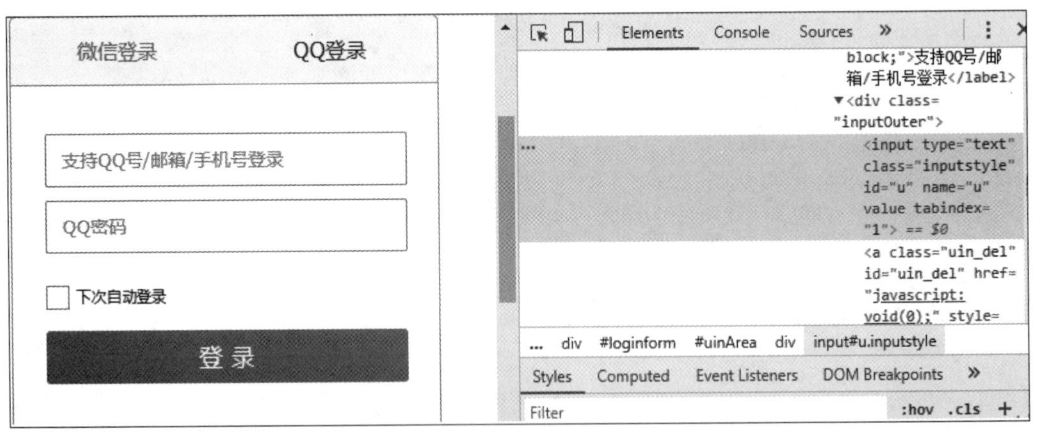

图 3-34　检查“QQ 号”输入框的元素

（3）检查“QQ 密码”输入框的元素，id 为“p”，如图 3-35 所示。

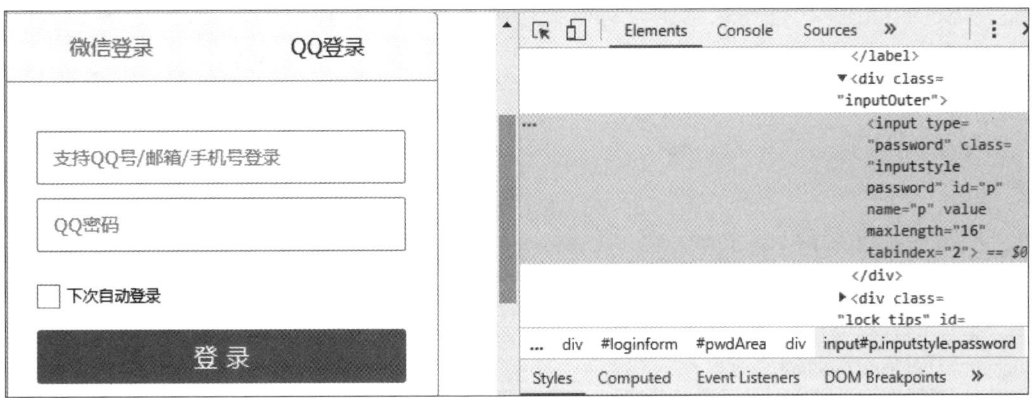

图 3-35　检查“QQ 密码输入框”的元素

（4）查看“客服中心”元素，用 link_text 定位，如图 3-36 所示。

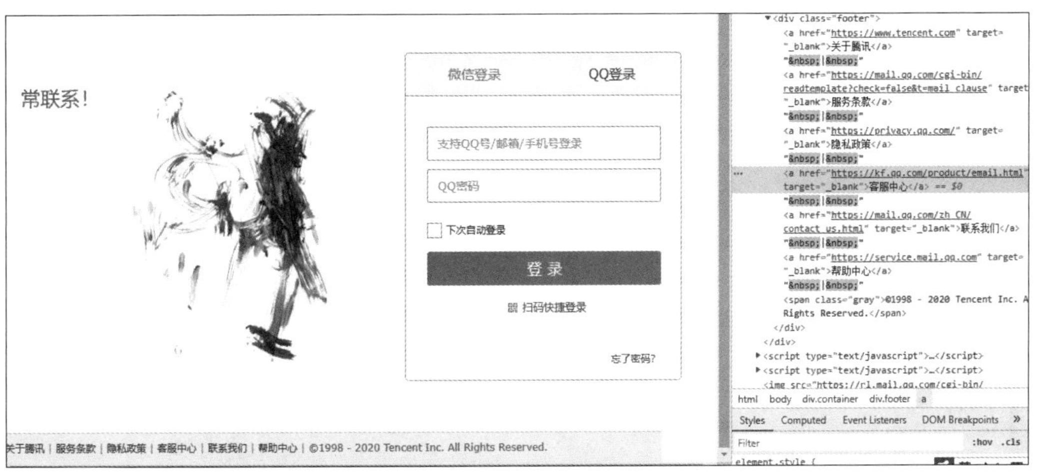

图 3-36　查看“客服中心”元素

具体脚本如下所示。

```
from selenium import webdriver
driver = webdriver.Chrome()
driver.maximize_window()
driver.implicitly_wait(20)                    # 设置隐性等待时间 20s
driver.get("https://mail.qq.com/")            # 打开 QQ 邮箱登录界面
driver.switch_to_frame("login_frame")         # 切换表单
driver.find_element_by_id("switcher_plogin").click()          # 单击“账号密码登录”按钮
driver.find_element_by_id("u").send_keys("56573583")          # 输入用户名
driver.find_element_by_id("p").send_keys("123456")            # 输入密码
driver.switch_to_default_content()                            # 跳出表单
driver.find_element_by_link_text(" 客服中心 ").click()          # 单击“客服中心”按钮
```

六、鼠标操作

鼠标操作

用 Selenium 进行自动化测试，有时候会遇到模拟鼠标操作的情况，比如鼠标移动、鼠标单击等。而 Selenium 给我们提供了一个 ActionChains 类来处理这类事件。

鼠标的基本操作如见表 3-3。

表 3-3　鼠标的基本操作

方法	含义
click(on_element=None)	单击
click_and_hold(on_element=None)	单击鼠标左键且不松开
context_click(on_element=None)	右击
double_click(on_element=None)	双击鼠标左键
drag_and_drop(source, target)	拖曳某个元素然后松开
drag_and_drop_by_offset(source, xoffset, yoffset)	拖曳某个坐标然后松开
key_down(value, element=None)	按下某个键盘上的键
key_up(value, element=None)	松开某个键
move_by_offset(xoffset, yoffset)	将鼠标指针从当前位置移动到某个坐标
move_to_element(to_element)	将鼠标指针移动到某个元素
move_to_element_with_offset(to_element, xoffset, yoffset)	将鼠标指针移动到距某个元素（左上角坐标）多少距离的位置
perform()	执行链中的所有动作
release(on_element=None)	在某个元素位置松开鼠标左键
send_keys(*keys_to_send)	发送某个键到当前焦点的元素
send_keys_to_element(element, *keys_to_send)	发送某个键到指定元素

调用 ActionChains 的方法时，不会立即执行，而是会将所有的操作按顺序存放在一个队列里，当用户调用 perform() 方法时，按照队列里面的顺序进行执行。调用的 perform() 方法必须放在 ActionChains 方法的最后。如：ActionChains(driver).double_click(on_element=None).perform()

例：在百度页面执行如下的操作：

（1）进入百度页面。

（2）将鼠标指针移动到“设置”按钮，如图 3-37 所示。

（3）在“设置”按钮上面右击，如图 3-38 所示。

（4）在百度输入框中输入“正在模拟鼠标操作”，如图 3-39 所示。

图 3-37　将鼠标指针移动到“设置”按钮

图 3-38　在“设置”按钮上右击

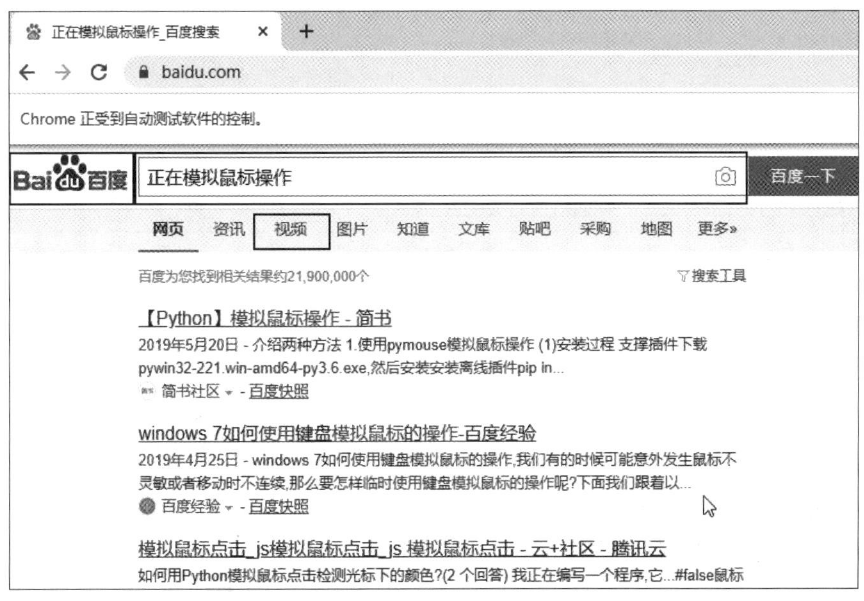

图 3-39　在百度输入框中输入“正在模拟鼠标操作”

（5）在百度输入框中双击，如图 3-40 所示。

图 3-40　在百度输入框中双击

（6）单击“百度首页”按钮，如图 3-41 所示。

图 3-41　模拟单击“百度首页”按钮

具体的脚本如下：

```
from selenium import webdriver
from selenium.webdriver import ActionChains
driver = webdriver.Chrome()
from time import sleep
driver.maximize_window()
driver.get("https://www.baidu.com/")
sleep(5)
element1=driver.find_element_by_xpath('//*[@id="s-usersetting-top"]')  # 单击“设置”按钮
```

```
ActionChains(driver).move_to_element(element1).perform()   # 将鼠标指针移动到“设置”按钮
sleep(5)
ActionChains(driver).context_click(element1).perform()        # 在“设置”按钮上右击
sleep(5)
element2=driver.find_element_by_id("kw")
sleep(5)
element2.send_keys(" 正在模拟鼠标操作 ")
sleep(5)
ActionChains(driver).double_click(element2).perform()  # 双击百度输入框中的信息
sleep(5)
element3=driver.find_element_by_link_text(" 百度首页 ")
ActionChains(driver).click(element3).perform()  # 单击“百度首页”按钮
```

七、键盘操作

键盘操作

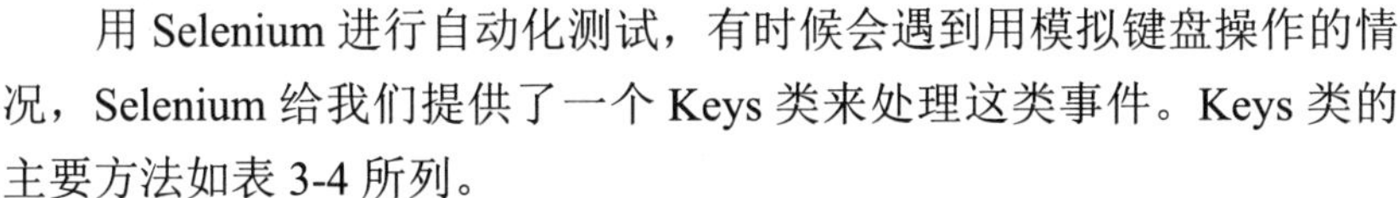

用 Selenium 进行自动化测试，有时候会遇到用模拟键盘操作的情况，Selenium 给我们提供了一个 Keys 类来处理这类事件。Keys 类的主要方法如表 3-4 所列。

表 3-4　Keys 类的主要方法

Key	方法	Key	方法
Enter 键	Keys.ENTER	下移键	Keys.ARROW_DOWN
删除键	Keys.BACK_SPACE	左移键	Keys.ARROW_LEFT
空格键	Keys.SPACE	右移键	Keys.ARROW_RIGHT
TAB 键	Keys.TAB	= 键	EQUALS
回退键	Keys.ESCAPE	全选（Ctrl+A）	Keys.CONTROL,"a"
刷新键	Keys.F5	复制（Ctrl+C）	Keys.CONTROL,"c"
Shift 键	Keys.SHIFT	剪切（Ctrl+X）	Keys.CONTROL,"x"
Ecs 键	Keys.ESCAPE	粘贴（Ctrl+V）	Keys.CONTROL,"v"
上移键	Keys.ARROW_UP		

例：在 Chrome 主页进行以下操作。

（1）进入百度主页。

（2）在百度输入框中输入信息“正在模拟键盘操作”。

（3）全选信息。

（4）复制信息。

（5）粘贴信息两次。

（6）单击“视频”按钮。

（7）按 Tab 键，光标移动到“百度”图标，如图 3-42 所示。

（8）按 Enter 键，回到百度首页。

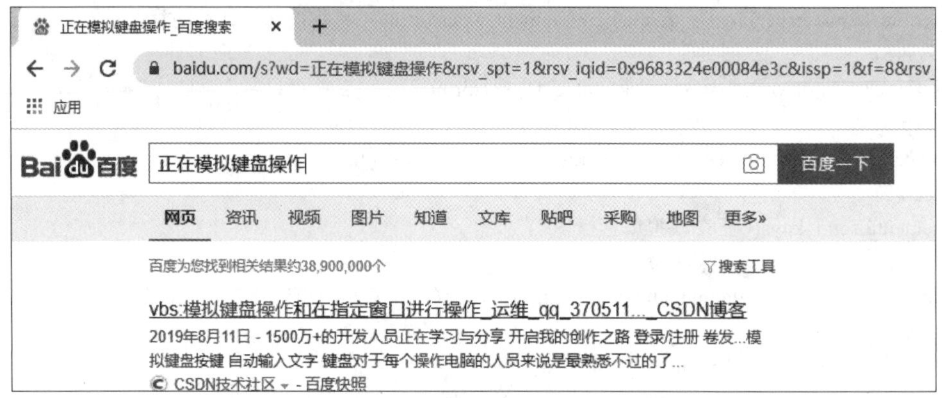

图 3-42　按 Tab 键光标移动到百度图标

具体的脚本如下：

```
from selenium import webdriver
from time import sleep
from selenium.webdriver.common.keys import Keys
from selenium.webdriver import ActionChains
driver=webdriver.Chrome()
driver.get("https://www.baidu.com/")
driver.maximize_window()
driver.find_element_by_id("kw").send_keys(" 正在模拟键盘操作 ")        # 在百度输入框输入信息
sleep(5)
driver.find_element_by_id("kw").send_keys(Keys.CONTROL,"a")        # 按“Ctrl+A”组合键
driver.find_element_by_id("kw").send_keys(Keys.CONTROL,"c")        # 按“Ctrl+C”组合键
sleep(5)
driver.find_element_by_id("kw").send_keys(Keys.CONTROL,"x")        # 按“Ctrl+X”组合键
driver.find_element_by_id("kw").send_keys(Keys.CONTROL,"v")        # 按“Ctrl+V”组合键
sleep(5)
driver.find_element_by_xpath('//*[@id="s_tab"]/div/a[2]').click()        # 单击“视频”按钮
sleep(5)
ActionChains(driver).send_keys(Keys.TAB).perform()        # 按 Tab 键
sleep(5)
ActionChains(driver).send_keys(Keys.ENTER).perform()        # 按 Enter 键
```

八、操作下拉滚动条方法

下拉滚动条

UI 自动化测试时经常会遇到元素识别不了、定位不到的问题，其原因有很多，比如元素不在 iframe 里、xpath 或 id 写错了等。但有一种情况是元素在当前显示的页面不可见，拖动下拉滚动条后元素就出来了。在 Selenium 中有两种拖动下拉滚动条的方法，具体如下。

1. 通过连续按方向箭头的方法实现

由于上面讲了鼠标和键盘的相关命令，我们可以借助于鼠标和键盘实现下拉滚动条的移动。

例：进入某个页面后存在滚动条，且能够移动，找到隐藏的文字进行超链接。

实现代码如下：

```
ActionChains(driver).send_keys(Keys.ARROW_DOWN).send_keys(Keys.ARROW_DOWN).send_
keys(Keys.ARROW_DOWN).perform()
```

2. 用 JavaScript 语句实现

JavaScript 也是编写自动化脚本的一种语言，编写脚本的时候用得比较少，但是有的时候用 JavaScript 语言写的代码更加简单、实用。关于 JavaScript 语言的相关知识可以从网上进行简单的学习。

用 JavaScript 语言实现的代码如下：

```
driver.execute_script("window.scrollTo(0,0)")
```

代码中的 (0,0) 代表页面横向和纵向的坐标。

由于上述第一种方法需要连续进行鼠标键盘的操作，比较麻烦，因此用得比较少。用 JavaScript 语句实现的方法相对简单，而且定位相对准确，因此用得比较多。

例：打开百度首页，再打开新闻网页，纵向滚动条滑动 1000，如图 3-43 所示。

图 3-43　移动纵向滚动条

具体代码如下：

```
from selenium import webdriver
from time import sleep
driver=webdriver.Chrome()
driver.get("https://www.baidu.com/")
driver.find_element_by_link_text(" 新闻 ").click()    # 单击“新闻”选项卡
driver.switch_to.window(driver.window_handles[1]) # 切换窗口
sleep(3)
driver.execute_script("window.scrollTo(0,1000)")     # 纵向滚动条滑动 1000
```

九、页面中下拉列表框的选择

下拉列表框选择

Web 应用中很多时候会遇到 <select></select> 标签的下拉列表框，针对这种下拉列表框，下面介绍 4 种方法：

- 使用 select_by_index，0 表示第 1 项，1 表示第 2 项，依此类推。
- 使用 select_by_visible_text，输入下拉列表框中的文字。
- 直接通过 xpath 层级标签定位。
- 使用 select_by_value，输入元素标签对应的值。

例：采用 4 种下拉列表框定位方法对“途牛预订机票”中的下拉列表进行选择，如图 3-44 所示，选择成人 4 人，儿童 2 人，婴儿 1 人，舱位为“公务舱”。

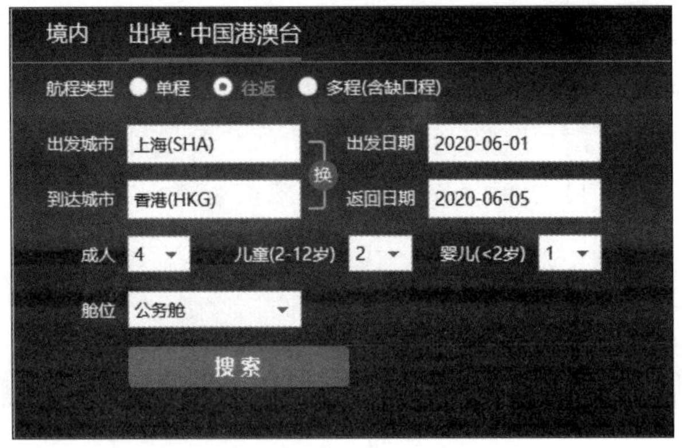

图 3-44　途牛“预订机票”页面

（1）进入“途牛预订机票”页面。

（2）采用 xpath 定位法定位“成人”下拉列表框，由于成人是 4，index 对应的值应用为 3，使用 select_by_index(3)。

（3）采用 name 定位法定位“舱位”下拉列表框，可以直接使用 select_by_visible_text("公务舱")。

（4）采用 xpath 定位法定位“儿童”下拉列表框，由图 3-45 中可知，下拉列表框的标签是 select，选择 2 人对应的 option 为第 3 项，因此使用 select/option[3]。

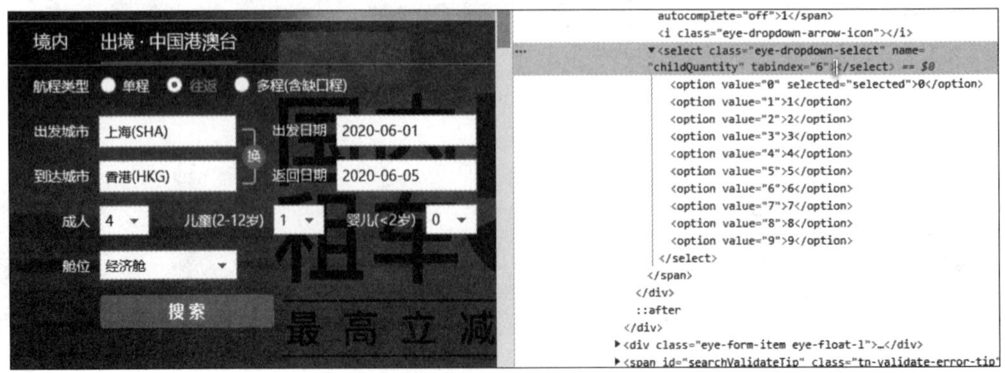

图 3-45　定位“儿童”下拉列表框

（5）采用 xpath 定位法定位到“婴儿”下拉列表框，采用 select_by_value 定位法，婴儿 1 人，value 的值是 1，使用 select_by_value("1")，如图 3-46 所示。

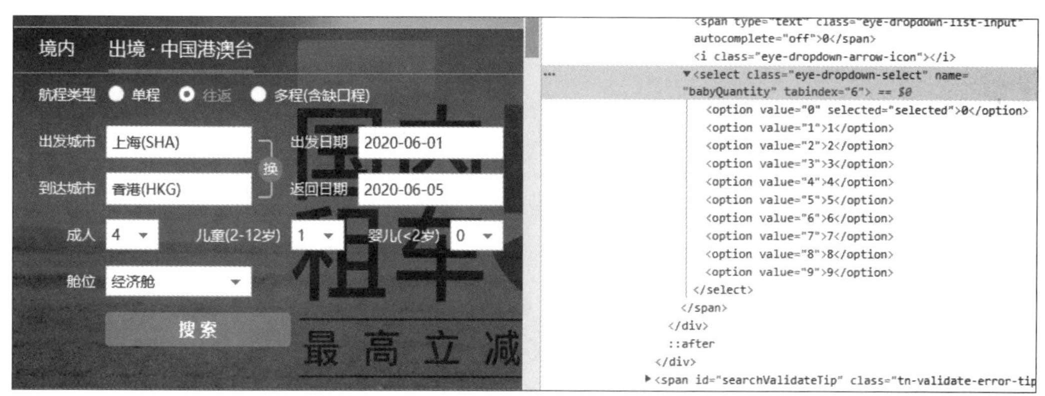

图 3-46　定位“婴儿”下拉列表框

具体的脚本如下：

```
from  selenium import webdriver
from selenium.webdriver.support.select import Select
driver=webdriver.Chrome()
driver.get("https://flight.tuniu.com/intel")
driver.maximize_window()
driver.implicitly_wait(20)
driver.find_element_by_xpath('//*[@id="block"]/img[2]').click()   # 关闭广告窗口
# 第 1 种方法 select_by_index
element1=driver.find_element_by_xpath(".//*[@id='flightPeople']/div[1]/div[2]/span/select")
# 定位到“成人”下拉列表框
Select(element1).select_by_index(3)   # 定位到“成人”下拉列表框选项 4 人
# 第 2 种方法 select_by_visible_text
element2=driver.find_element_by_name("cabinClass")   # 定位到“舱位”下拉列表框
Select(element2).select_by_visible_text(" 公务舱 ")       # 定位到“舱位”下拉列表框选项公务舱
# 第 3 种方法 xpath
driver.find_element_by_xpath("/html/body/div[2]/div[4]/div/div/div[1]/div[5]/div[2]/div[2]/span/select/
option[3]").click()   # 定位到“儿童”下拉列表框选项 2 人
# 第 4 种方法 select_by_value
element3=driver.find_element_by_xpath('//*[@id="flightPeople"]/div[3]/div[2]/span/select')
# 定位到“婴儿”下拉列表框
Select(element3).select_by_value("1")   # 定位到“婴儿”下拉列表框选项 1 人
```

十、文件上传处理

上传文件

上传过程一般要打开一个本地窗口，从窗口选择添加本地文件，所以应重点学会如何在本地窗口添加上传文件。

其实，在 Selenium WebDriver 中进行文件上传也并不特别复杂，只要将“上传”按钮定位到 input 标签属性，通过 send_keys 添加本地文件路径就可以了。绝对路径和相对路径都可以，关键是上传的文件要存在。

使用路径时要注意以下情况：

- 在字符串中用两个反斜线表示一个正斜线。
- 在字符串前面加一个字符 r，表示将所有的反斜线变为正斜线。
- 把字符串中所有的反斜线改成正斜线。
- 路径中不要有中文。

例：在百度首页上传图片。

（1）单击“相机”按钮，如图 3-47 所示。

图 3-47 单击“相机”按钮

（2）单击“选择文件”按钮，如图 3-48 所示。

图 3-48 单击“选择文件”按钮

具体脚本如下：

```
from selenium import webdriver
driver=webdriver.Chrome()
driver.get("http://www.baidu.com/")
driver.maximize_window()
driver.find_element_by_class_name("soutu-btn").click()    # 单击“相机”按钮
driver.find_element_by_class_name("upload-pic").send_keys(r"D:\auto_test\white_shoes.jpg")
# 单击“选择文件”按钮，r 表示对路径进行转换
```

十一、页面截图操作

由于在执行用例过程中是无人值守的，用例运行报错的时候，我们希望能对当前屏幕截图，留下证据。截图的具体方法：get_screenshot_as_file(self, filename)。代码实现如下：

```
driver.get_screenshot_as_file(r " 路径名 \ 图片名字" )
```

例：对“百度首页”进行截图，如图 3-49 所示。

图 3-49　百度首页

具体脚本如下所示：

```
from selenium import webdriver
driver=webdriver.Chrome()
driver.get("http://www.baidu.com/")
driver.maximize_window()
driver.get_screenshot_as_file(r"D:\auto_test\baidu_homepage.jpg")
# 对“百度首页”进行截图
```

十二、警告弹窗处理

在自动化测试过程中，经常会遇到弹出警告框的情况。用 WebDriver 处理警告框是很简单的，只需要用 switch_to_alert() 方法定位到警告框，然后使用 text、dismiss、send_keys、accept 进行操作即可。

以下是 4 种操作的含义：

- text：获取警告框的 text 信息。
- dismiss：单击“取消”按钮（如果有的话）。
- send_keys：输入值，如果没有输入对话框就不能使用（会报错）。
- Accept：单击“确认”按钮，接受弹窗。

例：进入百度首页，单击“设置”按钮，单击“搜索设置”按钮，进入“搜索设置”页面，单击“保存”按钮，处理弹出警告框，同时打印弹出框中的文字信息。

（1）单击“设置”→“搜索设置”按钮，如图 3-50 所示。

图 3-50　单击“搜索设置”按钮

（2）单击“保存设置”按钮，如图 3-51 所示。

图 3-51　单击“保存设置”按钮

具体的代码如下所示：

```
from selenium import webdriver
from time import sleep
driver=webdriver.Chrome()
driver.get("http://www.baidu.com/")
driver.maximize_window()
driver.find_element_by_id("s-usersetting-top").click()          # 单击“设置”按钮
sleep(3)
driver.find_element_by_link_text(" 搜索设置 ").click()          # 单击“搜索设置”按钮
sleep(3)
driver.find_element_by_link_text(" 保存设置 ").click()          # 单击“保存设置”按钮
```

```
sleep(3)
print(driver.switch_to_alert().text)          # 打印警告框文字
sleep(3)
driver.switch_to_alert().accept()             # 单击警告框“确定”按钮
```

十三、验证码识别

导入包 pytesseract 和 pillow

为了防止人为破坏，很多系统会增加各种形式的验证码，进行测试最头痛的莫过于验证码的处理。验证码的处理一般分为以下 3 种方法。

- 开发方给我们设置一个万能的验证码。
- 开发方将验证码屏蔽掉。
- 自己识别图片上的千奇百怪的图片，但是这样的方法识别成功率不是特别的高，而且也不是对所有的图片都可以识别，只能识别一些简单的验证码。

例：识别图 3-52 中所示的验证码。

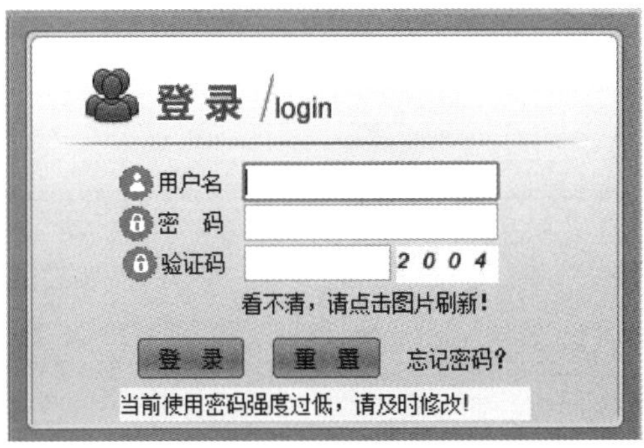

图 3-52　验证码识别

分析：这种白色背景的验证码是很简单的验证码。如果要识别图片中的数字，要采用图像处理的方法将数字从图片中提取出来。具体的操作步骤如下所述。

验证码识别

（1）安装两个包 pytesseract 和 pillow。

1）打开 cmd 命令窗口，输入如下的命令：pip install pytesseract，如图 3-53 所示。

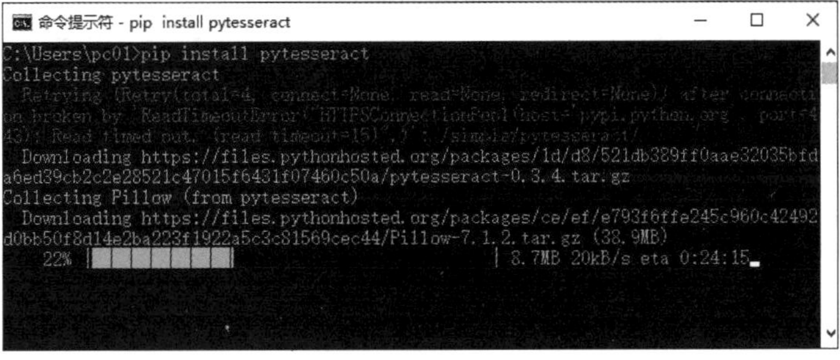

图 3-53　安装 pytesseract

2）在 cmd 命令窗口输入如下的命令：pip install pillow，如图 3-54 所示。

图 3-54　安装 pillow

（2）下载并安装 tesseract-ocr。具体的下载链接如下：https://digi.bib.uni-mannheim.de/tesseract/，在页面中找到对应的文件，如图 3-55 所示。

Index of /tesseract

digi.bib.uni-mannheim.de/tesseract/

应用

文件	日期	大小
tesseract-ocr-w64-setup-v4.0.0-beta.4.20180912.exe	2018-09-17 16:44	32M
tesseract-ocr-w64-setup-v4.0.0-rc3.20181014.exe	2018-10-14 20:56	32M
tesseract-ocr-w64-setup-v4.0.0-rc4.20181024.exe	2018-10-24 17:14	32M
tesseract-ocr-w64-setup-v4.0.0.20181030.exe	2018-10-30 11:07	32M
tesseract-ocr-w64-setup-v4.1.0-bibtag19.exe	2019-03-17 14:46	28M
tesseract-ocr-w64-setup-v4.1.0-elag2019.exe	2019-05-09 07:55	36M
tesseract-ocr-w64-setup-v4.1.0.20190314.exe	2019-03-14 12:31	28M
tesseract-ocr-w64-setup-v5.0.0-alpha.20190623.exe	2019-06-23 21:15	38M
tesseract-ocr-w64-setup-v5.0.0-alpha.20190708.exe	2019-07-08 23:09	40M
tesseract-ocr-w64-setup-v5.0.0-alpha.20191010.exe	2019-10-10 21:50	41M
tesseract-ocr-w64-setup-v5.0.0-alpha.20191030.exe	2019-10-30 19:30	42M
tesseract-ocr-w64-setup-v5.0.0-alpha.20200205.exe	2020-02-05 17:05	37M
tesseract-ocr-w64-setup-v5.0.0-alpha.20200223.exe	2020-02-23 17:51	42M
tesseract-ocr-w64-setup-v5.0.0-alpha.20200328.exe	2020-03-28 22:21	42M
tesseract-ocr-w64-setup-v5.0.0.20190526.exe	2019-05-26 19:05	36M
tesseract-ocr-w64-setup-v5.0.0.20190623.exe	2019-06-23 11:30	38M

图 3-55　下载 tesseract-ocr

（3）获取图片的位置并进行裁剪，得到验证码图片的大小。

根据图 3-56 进行分析，得到验证码的 id 为“captchaimg”，如图 3-56 所示。

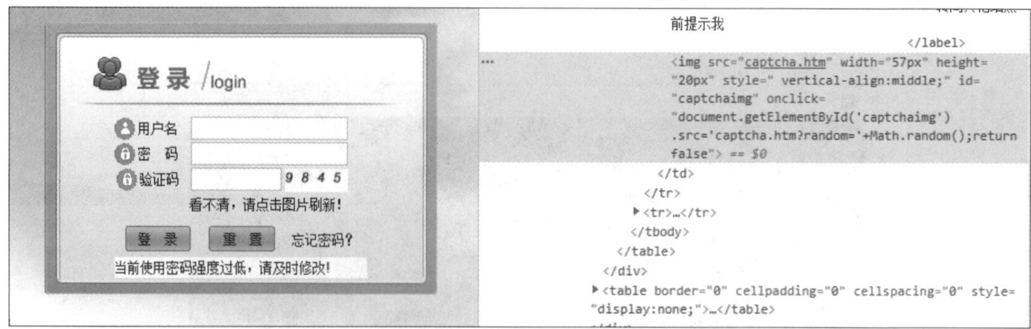

图 3-56　获取验证码的 id

- 利用 location 属性获取验证码的位置，并将其赋给变量 location。

```
location=driver.find_element_by_id("captchaimg").location
```

● 用 size 属性获取验证码的尺寸大小，并将其赋给变量 size。

```
size=driver.find_element_by_id("captchaimg").size
```

● 分别用 location['x']、location['y']、location['x']+size['width']、location['y']+ size['height'] 获取验证码的左边线、上边线、右边线、下边线的坐标，并分别赋给变量 left、top、right、bottom。

● 利用 crop 方法裁剪图片。通过 Image.open(" 图片名称 ").crop(box) 得到验证码的图片（其中，box=(left,top,right,bottom)）。

● 将获取的验证码图片转换为灰度模式并增强对比度。convert('L') 属性用于转换为灰度模式，ImageEnhance.Contrast() 属性用于增强对比度。

（4）利用 pytesseract 方法提取图片中的数字。

（5）将提取到的数字发送到验证码输入框中。

具体脚本如下所示：

```
from selenium import webdriver
import pytesseract
from PIL import ImageEnhance,Image
driver=webdriver.Chrome()
driver.get("http://i.cqvie.edu.cn:81/zfca/login?service=http%3A%2F%2Fi.cqvie.edu.cn%3A81%
2Fportal.do")  # 打开网址
driver.find_element_by_id("username").send_keys("111")        # 输入用户名
driver.find_element_by_id("password").send_keys("222")        # 输入密码
location=driver.find_element_by_id("captchaimg").location     # 获取验证码的位置
size=driver.find_element_by_id("captchaimg").size             # 获取验证码的尺寸
left=location['x']                              # 获取验证码左边线的坐标
top=location['y']                               # 获取验证码上边线的坐标
right=location['x']+size['width']               # 获取验证码右边线的坐标
bottom=location['y']+size['height']             # 获取验证码下边线的坐标
driver.get_screenshot_as_file("vericode.jpg")           # 对验证码所在的页面进行截图
box=(left,top,right,bottom)          # 将验证码左、上、右、下边线坐标封装在一个盒子里
img=Image.open("vericode.jpg").crop(box)                # 从截图中裁剪验证码的图片
img=img.convert('L')                            # 转换为灰度模式
img=ImageEnhance.Contrast(img)                  # 增强对比度
img=img.enhance(2)
img.save("captcha.jpg")                         # 保存验证码为图片 captcha.jpg
img=Image.open("captcha.jpg")                   # 打开验证码图片
pytesseract.pytesseract.tesseract_cmd = "C:\Program Files (x86)\Tesseract-OCR\tesseract.exe"
# 调用 pytesseract 方法
tessdata_dir_config = '--tessdata-dir "C:\Program Files (x86)\Tesseract-OCR\tessdata"'  # 调用配置文件
code=pytesseract.image_to_string(img, lang = 'eng', config=tessdata_dir_config)  # 识别图片中的数字
driver.find_element_by_id("j_captcha_response").send_keys(code.strip())
# 将识别出的数字发送到验证码输入框
```

任务实施

天气网测试

（1）单击“登录”按钮，如图 3-57 所示。

图 3-57　单击“登录”按钮

（2）输入邮箱 / 手机号与密码，单击“登录”按钮，如图 3-58 所示。

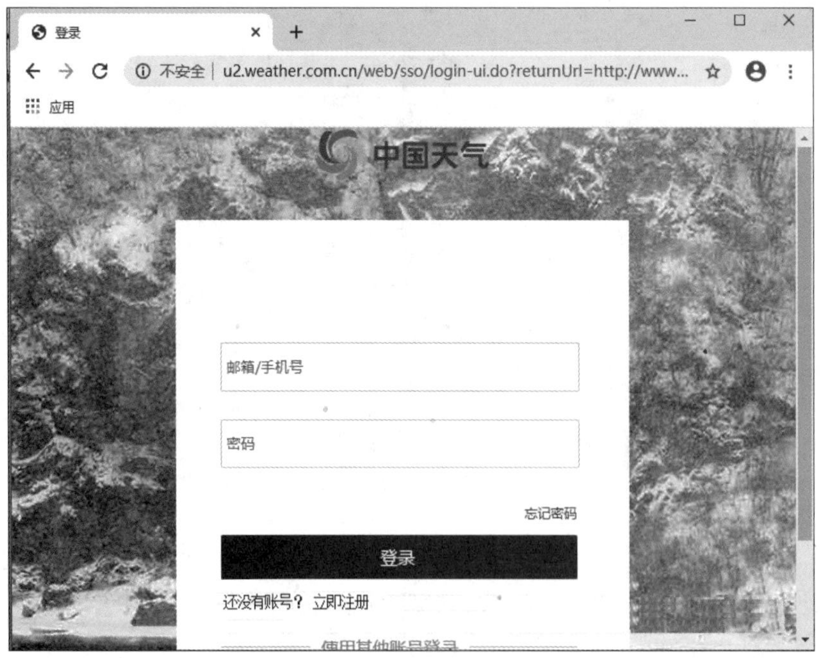

图 3-58　“登录”界面

（3）将鼠标指针悬停在个人头像上，单击“个人中心”按钮，如图 3-59 所示。

图 3-59　单击“个人中心”按钮

（4）单击“头像设置”按钮，设置完成后上传新头像，如图 3-60 所示。

图 3-60　单击“头像设置”按钮

（5）单击“个人资料”按钮，再单击“城市”按钮，对弹出的窗口进行处理，如图 3-61 所示。

图 3-61　单击“个人资料”按钮

（6）在当前窗口选择“专业产品”选项卡，如图 3-62 所示。

图 3-62　选择“专业产品”选项卡

具体代码如下所示：

```
from selenium import webdriver
import time
from selenium.webdriver import ActionChains
```

```
driver=webdriver.Chrome()
driver.get("http://www.weather.com.cn/")  # 打开中国天气网
driver.maximize_window()
driver.implicitly_wait(50)  # 设置隐性等待 50s
driver.find_element_by_class_name("login-icon").click()                        # 单击"登录"按钮
driver.find_element_by_id("username").send_keys("4284743@qq.com") # 输入用户名
driver.find_element_by_id("password").send_keys("jjj123456")              # 输入密码
driver.find_element_by_id("loginBtnId").click()                               # 单击"登录"按钮
time.sleep(5)
touxiang=driver.find_element_by_class_name("head-imgs")
ActionChains(driver).move_to_element(touxiang).perform()   # 鼠标指针悬停在右上角头像处
driver.find_element_by_link_text(" 个人中心 ").click()          # 单击"个人中心"按钮
driver.find_element_by_link_text(" 头像设置 ").click()          # 单击"头像设置"按钮
driver.find_element_by_id("upload-file").send_keys(r"D:\auto_test\touxiang.jpg")  # 上传头像图片
driver.find_element_by_id("btnCrop").click()                  # 单击"保存"按钮
driver.find_element_by_css_selector("#passport>a").click()    # 单击"个人资料"按钮
driver.find_element_by_css_selector("#sCity").click()         # 单击"城市"按钮
selectcity=driver.switch_to_alert().text
print(selectcity)
driver.switch_to_alert().accept()  # 处理弹窗
product=driver.find_element_by_link_text(" 专业产品 ")                         # 单击"专业产品"选项卡
driver.execute_script("arguments[0].removeAttribute('target')",product)  # 只在当前窗口打开
product.click()
driver.quit()  # 关闭浏览器
```

【思考与练习】

理论题

当定位不到页面元素时，可以用哪几种方法解决？

实训题

1．“51 自学网”测试

（1）打开“51 自学网”（http://www.51zxw.net/）。

（2）单击“登录”按钮，登录账号为 speakj、密码为 jjj123。

（3）单击“电脑办公”按钮。

（4）打开“计算机基础知识教程”页面。

（5）单击“1-1 计算机发展史”链接。

（6）单击计算机发展史页面中的“Word 2016 基础视频教程”链接。

（7）将窗口切换到“计算机基础知识教程”页面，单击“后退”按钮

（8）关闭浏览器

2．途牛网“出境 • 港澳台”机票测试

在国际机票搜索页面中的输入框中输入内容，输入框下方会弹出一个城市下拉列表框控件，如图 3-63 所示。

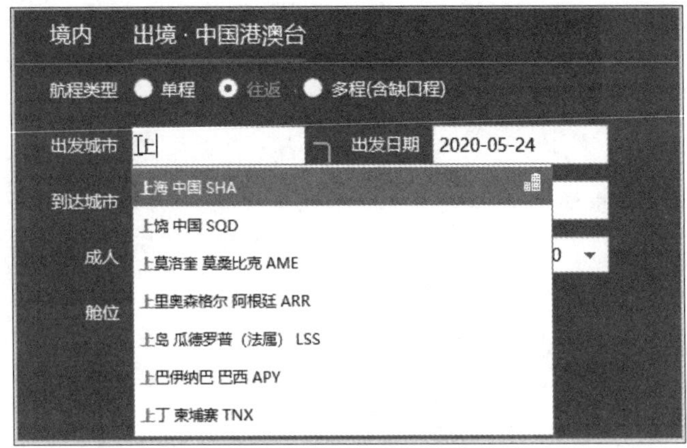

图 3-63　输入出发城市

需要模拟键盘操作，单击“下箭头”，单击 Enter 键来选择城市或机场，输入的其他内容和城市选择可任意，国内机票应都是国内城市，国际机票应至少有一个国际或港澳台城市，如图 3-64 所示。

图 3-64　途牛网“出境 • 港澳台”机票预订界面

分别勾选“单程”和“往返”前的单选按钮，输入出发和到达城市，单击“成人”下拉列表框，通过模拟键盘向下键和 Enter 键选择 1 人，然后单击“搜索”按钮。需要考虑交换出发、到达城市选项，不需要考虑日期、舱位、儿童和婴儿票。

注意事项：

（1）“单程”“往返”单选按钮都要勾选。

（2）要通过单击“搜索”按钮来查询，不能通过 Enter 键查询。

（3）“多程”“出发”“返回日期”“儿童”“婴儿票”选项不需要考虑。

（4）可能会出现广告弹窗遮挡页面，如图 3-65 所示，用脚本单击左上方“关闭”按钮即可。

图 3-65　广告弹窗

任务 4　Selenium 综合测试

任务描述

自动化功能测试当中常常会作异常处理、断言的判断，并最终根据运行结果产生一个自动化测试报告。

任务要求

对“51 自学网”进行测试，设计两个测试用例。

（1）登录失败，能定位到“登录失败，请检查登录信息是否有误”（图 3-66），打印消息“登录失败”，设置标志（flag）为 1；否则作异常判断，打印“未定位到登录失败的消息”，设置标志为 0。设置断言：如果判断标志为 1，测试用例为通过（pass），否则为失败（fail）。

图 3-66　“51 自学网”登录失败界面

（2）登录成功，能定位到头像（图 3-67），打印消息“登录成功”，设置标志（flag）为 1；否则作异常判断，打印“未正常登录”，设置标志为 0。设置断言：如果判断标志为 1，测试用例为 pass，否则为 fail。

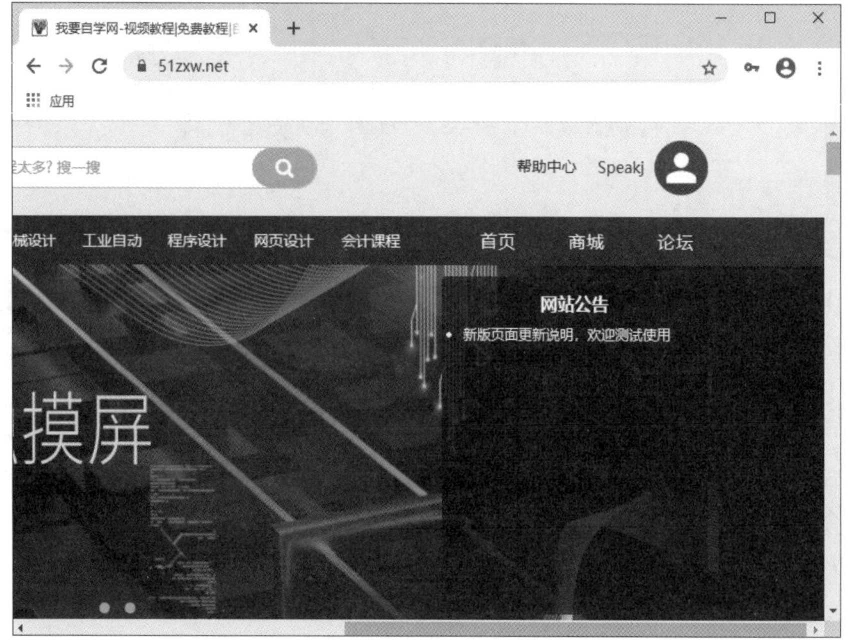

图 3-67　“51 自学网”登录成功界面

知识链接

一、与 Excel 交互数据

导入 3 个重要的包：

- pip install xlrd 用于导入数据。
- pip install xlwt 用于导出数据的格式设置。
- pip install xlutils 用于复制 Excel 表格。

导入 Excel 数据中

1. 导入 Excel 表格中的数据

（1）打开 Excel 文件读取数据。

```
data=xlrd.open_workbook('excelFile.xls')
```

（2）获取一个工作表。

```
table = data.sheets()[0]                    # 通过工作表顺序获取
table = data.sheet_by_index(0)              # 通过索引顺序获取
table = data.sheet_by_name(u'Sheet1')       # 通过工作表名称获取
```

（3）获取整行和整列的值（数组）。

```
table.row_values(i)
table.col_values(i)
```

（4）获取行数和列数。

```
nrows = table.nrows
ncols = table.ncols
```

（5）获取单元格。

```
cell_A1 = table.cell(0,0).value
cell_C4 = table.cell(2,3).value
```

例：导入 Excel 数据表内容，具体数据见表 3-5。

表 3-5 Excel 测试用例

用例 ID	用户名	密码	预期结果	实际结果
test01	4284743@qq.com	jjj123456	能正常登录	通过
test02	56573583@qq.com	1234	不能正常登录	通过
test03	104453@qq.com	aaa123456	不能正常登录	未通过
test04	1044531@qq.com	33445	不能正常登录	通过

具体代码如下：

```
import xlrd
fname="D:\auto_test\logininfo.xls"          # 文件名的路径
bk=xlrd.open_workbook(filename=fname) # 打开工作薄
ws=bk.sheet_by_name("Sheet1")               # 打开工作表
print(ws.cell_value(1,3))                   # 打印第 2 行第 4 列的内容
for r in range(ws.nrows):                   #nrows 表示工作表的总行数
    print(ws.row_values(r))                 # 打印工作表的所有内容
```

程序运行的结果如图 3-68 所示。

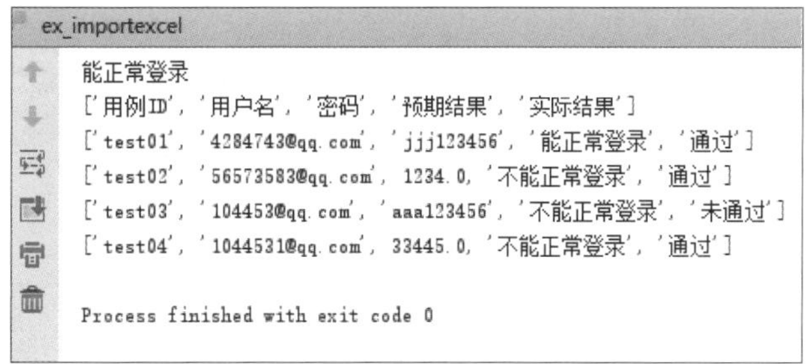
```
ex_importexcel
能正常登录
['用例ID', '用户名', '密码', '预期结果', '实际结果']
['test01', '4284743@qq.com', 'jjj123456', '能正常登录', '通过']
['test02', '56573583@qq.com', 1234.0, '不能正常登录', '通过']
['test03', '104453@qq.com', 'aaa123456', '不能正常登录', '未通过']
['test04', '1044531@qq.com', 33445.0, '不能正常登录', '通过']

Process finished with exit code 0
```

图 3-68 导入 Excel 数据的运行结果

将数据写入到 Excel 中

2. 将数据写入到 Excel 中

在表 3-6 所列的 Excel 表中，在第 2 行第 5 列写出“实际结果”为“通过”的测试脚本。

表 3-6 将数据导出到 Excel 中

用例 ID	用户名	密码	预期结果	实际结果
test01	4284743@qq.com	jjj123456	能正常登录	
test02	56573583@qq.com	1234	不能正常登录	
test03	104453@qq.com	aaa123456	不能正常登录	
test04	1044531@qq.com	33445	不能正常登录	

将数据导出到 Excel 文件中主要分 6 步进行。

（1）打开 Excel 文件。

```
xlrd.open_workbook( 原文件名 ,formatting_info=True)
```

（2）将其复制生成一个新的 Excel 文件。

```
新文件名 =copy( 原文件名 )
```

（3）获取工作表。

```
新文件名 .get_sheet( 工作表的序号 )
```

（4）写入数据。

```
Write( 行 , 列 , 数据内容 )
```

（5）删除原 Excel 文件。

```
Remove( 原文件名 )
```

（6）保存为一个新的 Excel 文件。

```
Save(" 路径 \ 文件名 ")
```

具体脚本如下：

```
import xlrd,os
import xlwt
from xlutils.copy import copy
fname="D:\auto_test\logininfo.xls"   # 写入文件的路径
oldWb = xlrd.open_workbook(fname,formatting_info=True)    # 打开已存在的表
newWb = copy(oldWb)                      # 将原有的表复制为新表
sheet = newWb.get_sheet(0)               # 取第一个 Sheet 表
sheet.write(1,4," 通过 ")                 # 在第 2 行第 5 列写入通过
os.remove(fname)                         # 删除原有的表
newWb.save("D:\auto_test\logininfo.xls") # 在原有的路径下保存新表
```

二、异常处理

异常处理

异常处理的主要语句有 3 个：

（1）Try：执行正常的语句。

（2）Except：发生了异常的处理语句。

（3）Finally：最终都会执行的操作。

例：QQ 未登录时，打开 QQ 邮箱网址时的界面如图 3-69 所示；QQ 登录时，打开 QQ 邮箱网址时的界面如图 3-70 所示。要求无论 QQ 登录或未登录，打开网页“https://mail.qq.com/”后，都能通过 QQ 号和 QQ 密码正常登录到 QQ 邮箱。

具体的脚本如下所示：

```
from selenium import webdriver
from time import sleep
driver=webdriver.Chrome()
driver.maximize_window()
driver.implicitly_wait(20)
```

```
driver.get("https://mail.qq.com/")
driver.switch_to.frame("login_frame")          # 切换到表单
username="56573583"                            # 设置 QQ 号码
password="123456"                              # 设置 QQ 密码
try:
  driver.find_element_by_id("switcher_plogin").click()  # 单击“账号密码登录”按钮
except:
  print("QQ 未登录 ") # 如果 QQ 未登录，则没有 " 账号密码登录 " 按钮，打印异常信息
finally:
  driver.find_element_by_id("u").send_keys(username)        # 输入 QQ 号码
  driver.find_element_by_id("p").send_keys(password)        # 输入 QQ 密码
  sleep(5)
driver.quit()
```

图 3-69　QQ 未登录时

图 3-70　QQ 登录时

三、断言

测试主要是调用 assertEqual、assertRaises 等断言方法判断程序执行结果和预期值是否相符。常见的断言方法见表 3-7。

表 3-7　常见的断言方法

方法	Checks	备注
assertEqual(a,b)	a==b	比较测试的两个值是否相等，如果不相等，则测试失败
assertNotEqual(a,b)	a!=b	比较测试的两个值是否不相等，如果相等，则测试失败
assertTrue(x)	Bool(x) is True	期望的结果是 True
assertFalse(x)	Bool(x) is False	期望的结果是 False
assertIs(a,b)	a is b	a 是 b 则成功，否则失败
assertIsNot(a,b)	a is not b	a 不是 b 则成功，否则失败

续表

方法	Checks	备注
assertIn(a,b)	a in b	a 包含 b 则成功，否则失败
assertNotIn(a,b)	a not in b	a 不包含 b 则成功，否则失败
Fail()		无条件的失败

四、unittest 的简单介绍及使用

简单介绍 unittest（单元测试）如下：

（1）TestCase：一个测试用例或一个完整的测试流程，包括测试前准备环境的搭建（setUp）、执行测试代码（run）以及测试后环境的还原（tearDown）。单元测试（unittest）的本质也就在这里，一个测试用例是一个完整的测试单元，通过运行这个测试单元，可以对某个问题进行验证。

（2）TestSuite：将多个测试用例（TestCase）集合在一起就是 TestSuite，而且 TestSuite 也可以嵌套 TestSuite。

（3）TestLoader：用于加载（add）TestCase 到 TestSuite 中，其中有几个 loadTestsFrom_() 方法，就是从各个地方寻找 TestCase，创建它们的实例，然后加载到 TestSuite 中，再返回一个 TestSuite 实例。

（4）TextTestRunner：用来执行测试用例，其中的 run() 会执行 TestSuite/TestCase 中的测试用例。测试的结果会保存到 TextTestResult 实例中，包括运行了多少测试用例、成功了多少测试用例、失败了多少测试用例等信息。

（5）Test Fixture：对一个测试用例环境的搭建和销毁，通过覆盖 TestCase 的 setUp() 方法和 tearDown() 方法来实现。对此功能的使用说明如下所述。

如在某个测试用例中需要访问数据库，那么可以在 setUp() 中建立数据库连接以及进行一些初始化，在 tearDown() 中清除在数据库中产生的数据，然后关闭连接。注意 tearDown 的过程很重要，因为要为以后的 TestCase 留下一个干净的环境。

整个流程首先是要写好 TestCase，然后由 TestLoader 加载 TestCase 到 TestSuite，然后由 TextTestRunner 来运行 TestSuite，运行的结果保存在 TextTestResult 中，整个过程集成在 unittest.main 模块中。

（6）一个完整的测试脚本包含如下的几个步骤。

1）import unittest。

2）定义一个继承自 unittest.TestCase 的测试用例类。

3）定义 setUp 和 tearDown，在每个测试用例前后做一些辅助工作。

4）定义测试用例，名字通常以 test 开头。

5）一个测试用例应该只测试一个方面，测试目的和测试内容应很明确。主要是调用 assertEqual、assertRaises 等断言方法判断程序执行结果和预期值是否相符。

6）调用 unittest.main() 启动测试。

7）如果测试未通过，会输出相应的错误提示；如果测试全部通过则不显示任何信息，可以通过添加 -v 参数显示详细信息。

以下是一个 unittest 的样本。

```
import unittest            # 导入 iunittest
class TestSequenceFunctions(unittest.TestCase):    # 创建类
  def setUp(self):        # 环境的搭建
    self.seq = range(10)
  def test_choice(self):      # 测试用例 1
    element = random.choice(self.seq)
    self.assertTrue(element in self.seq)
  def test_sample(self):      # 测试用例 2
    with self.assertRaises(ValueError):
      random.sample(self.seq, 20)
    for element in random.sample(self.seq, 5):
      self.assertTrue(element in self.seq)
  def setDown(self):     # 环境的还原
      pass
if __name__ == '__main__':        # 主程序
suite = unittest.TestSuite()          # 调用套件
suite.addTest(TestSequenceFunctions('test_choice')) # 添加封装测试用例 1
suite.addTest(TestSequenceFunctions('test_sample')) # 添加封装测试用例 2
unittest.TextTestRunner().run(suite)                # 运行测试用例
```

五、生成测试报告

HTMLTestRunner 的设置

（1）下载 HTMLTestRunner。

1）首先从网址 http://tungwaiyip.info/software/HTMLTestRunner.html 下载 HTMLTestRunner。

2）按如下方法进行修改。

- 第 94 行，将 import StringIO 修改成 import io。
- 第 539 行， 将 self.outputBuffer = StringIO.StringIO() 修 改 成 self.outputBuffer = io.StringIO()。
- 第 642 行，将 if not rmap.has_key(cls): 修改成 if not cls in rmap:。
- 第 766 行，将 uo = o.decode('latin-1') 修改成 uo = e。
- 第 772 行，将 ue = e.decode('latin-1') 修改成 ue = e。
- 第 631 行，将 print >> sys.stderr, '\nTime Elapsed: %s' % (self.stopTime-self.startTime) 修改成 print(sys.stderr, '\nTime Elapsed: %s' % (self.stopTime-self.startTime))。

如果要使自动化测试报告打印文字，则将 763 ～ 767 行直接注释掉，将 768 行 uo=o 左对齐下一行的 if。

3）修改之后将文件 HTMLTestRunner.py 放在 Python 安装目录之下的 lib 子目录。

（2）导入 HTMLTestRunner。

```
import HTMLTestRunner
```

```
suite = unittest.TestSuite()
```

（3）定义生成测试报告的名称。

```
filename1=r "C:\TEMP\result.html"    # 将报告 result.html 放入 C 盘下的 TEMP 目录中
fp = file(filename1,'wb')
```

（4）定义测试报告的路径、标题、描述等。在 title 里面输入测试报告的标题，在 description 里输入测试内容的描述，代码如下：

```
runner=HTMLTestRunner.HTMLTestRunner(stream=fp,title=' 天气网自动化测试报告 ',description=
' 登录模块测试 ')
```

（5）执行测试脚本并生成测试报告。

```
runner.run(suite)
```

生成的测试报告如图 3-71 所示。

天气网自动化测试报告

Start Time: 2018-10-11 15:50:53

Duration: 0:00:45.509080

Status: Pass 4

测试登录模块

Show Summary Failed All

Test Group/Test case	Count	Pass	Fail	Error	View
TEST	4	4	0	0	Detail
test_01	pass				
test_02	pass				
test_03	pass				
test_04	pass				
Total	4	4	0	0	

图 3-71　自动化测试报告

任务实施

“51 自学网”测试

“51 自学网”测试

（1）测试用例 1：登录失败的异常判断与断言设置。

```
try:
    driver.find_element_by_xpath('//*[@id="loginFrom"]/div/div[7]/div')
    # 单击登录失败提示信息
    print(" 登录失败 ")          # 如果提示信息存在则表明登录失败
    flag=1
except:
    print(" 未定位到登录失败的消息 ")  # 如果提示信息不存在则打印错误信息
    flag=0
finally:
    driver.quit()               # 关闭浏览器
    self.assertEqual(flag,1)    # 设置断言，如果 flag=1，则判断测试用例 pass，否则 fail
```

（2）测试用例 2：登录成功的异常判断与断言设置。

```
try:
```

```
        driver.find_element_by_xpath("/html/body/div[1]/div/div[1]/div[2]/img").click()  # 单击头像
        print(" 正常登录 ")            # 如果能找到“帮助中心”按钮，则打印正常登录
        flag=1                         # 正常登录，设置 flag 为 1
    except:
        print(" 未正常登录 ")          # 如果未能找到“帮助中心”按钮，则打印未正常登录
        flag=0                         # 未正常登录，设置 flag 为 0
    finally:
        driver.quit()                  # 关闭浏览器
       self.assertEqual(flag,1)        # 设置断言，如果 flag=1，则测试用例 pass，否则为 fail
```

（3）具体代码如下所示。

```
from selenium import webdriver
import unittest,HTMLTestRunner
from time import sleep
class LOGIN(unittest.TestCase):
    def setUp(self):        # 用例执行前的设置
        self.driverr=webdriver.Chrome()
        self.base_url="https://www.51zxw.net/"          # 输入登录网址
    def tearDown(self):                                 # 用例执行后的设置
        sleep(2)
    def login01(self):                                  # 测试用例 1
        driver=self.driver
        driver.get(self.base_url)
        driver.maximize_window()
        driver.find_element_by_xpath('/html/body/div[1]/div/div[1]/div[2]/a').click()
        # 单击“登录”/“注册”按钮
        driver.find_element_by_id("loginStr").send_keys("speakj")        # 输入登录用户名
        driver.find_element_by_id("pwd").send_keys("jjj123")             # 输入登录密码
        driver.find_element_by_xpath('/html/body/div[2]/div/div[2]/div/form/div/div[5]/button').click()
        # 单击“登录”按钮
        sleep(5)
        try:
            driver.find_element_by_xpath('//*[@id="loginFrom"]/div/div[7]/div')
            # 单击登录失败提示信息
            print(" 登录失败 ")    # 如果提示信息存在则表明登录失败
            flag=1
        except:
            print(" 未定位到登录失败的消息 ")    # 如果提示信息不存在则打印错误信息
            flag=0
        finally:
            driver.quit()               # 关闭浏览器
        self.assertEqual(flag,1)        # 设置断言，如果 flag=1，则判断测试用例 pass，否则 fail
    def login02(self):                  # 测试用例 2
        driver=self.driver
        driver.get(self.base_url)
        driver.maximize_window()
        driver.find_element_by_xpath('/html/body/div[1]/div/div[1]/div[2]/a').click()
```

```
    #单击“登录”/“注册”按钮
    driver.find_element_by_id("loginStr").send_keys("speakj")          #输入登录用户名
    driver.find_element_by_id("pwd").send_keys("jjj123")               #输入登录密码
    driver.find_element_by_xpath('/html/body/div[2]/div/div[2]/div/form/div/div[5]/button').click()
    #单击“登录”按钮
    sleep(5)
    try:
        driver.find_element_by_xpath("/html/body/div[1]/div/div[1]/div[2]/img").click()
        #单击头像
        print("正常登录")           #如果能找到“帮助中心”按钮，则打印正常登录
        flag=1                      #正常登录，设置 flag 为 1
    except:
        print("未正常登录")         #如果未能找到“帮助中心”按钮，则打印未正常登录
        flag=0                      #未正常登录，设置 flag 为 0
    finally:
        driver.quit()               #关闭浏览器
    self.assertEqual(flag,1)        #设置断言，如果 flag=1，则测试用例 pass，否则为 fail
if __name__ == '__main__':
    suite=unittest.TestSuite()      #调用 TestSuite() 方法
    suite.addTest(LOGIN('login01'))                          #添加封装测试用例 1
    suite.addTest(LOGIN('login02'))                          #添加封装测试用例 2
    filename = r"D:\auto_test\testreport.html"               #将结果放在报告 testreport 当中
    rn = open(filename, 'wb')
    runner = HTMLTestRunner.HTMLTestRunner(stream=rn, title="51自学网测试", description=
        "登录模块的测试")
    #标题为“51自学网测试”，描述是“登录模块的测试”
    runner.run(suite)   #执行测试用例
    rn.close()
```

（4）生成的测试报告如图 3-72 所示。

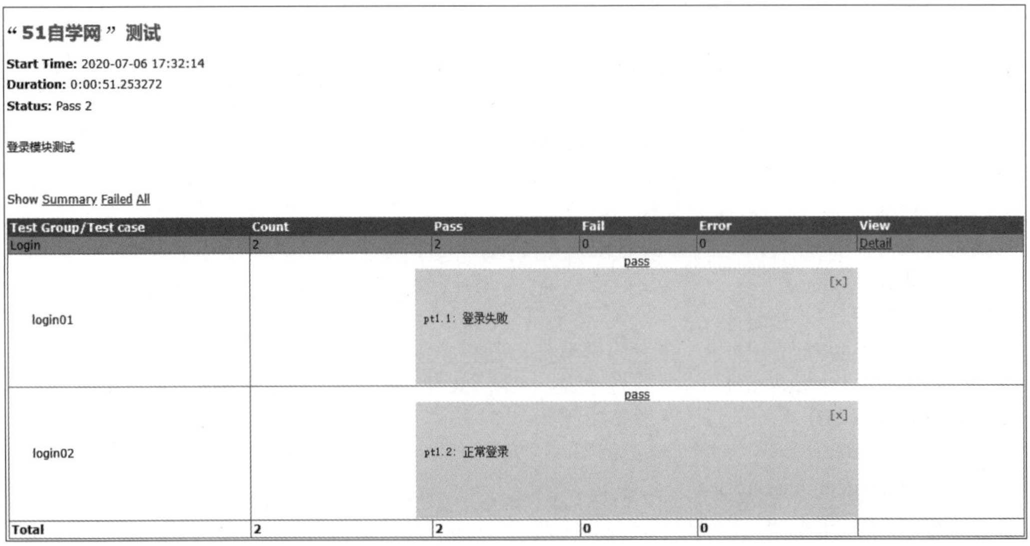

“51自学网”测试

Start Time: 2020-07-06 17:32:14
Duration: 0:00:51.253272
Status: Pass 2

登录模块测试

Show Summary Failed All

Test Group/Test case	Count	Pass	Fail	Error	View
Login	2	2	0	0	Detail
login01		pass pt1.1: 登录失败 [x]			
login02		pass pt1.2: 正常登录 [x]			
Total	2	2	0	0	

图 3-72　自动化测试报告

【思考与练习】

理论题

1．为什么会作异常处理？

2．什么时候会作断言判断？

3．unittest 主要包括哪几部分？

实训题

寻找一个可以录制的系统，如 QQ 音乐、课堂派、天气网等，录制一个可以登录、添加数据、退出的脚本。至少设计两个测试用例，设置异常判断、断言处理，最后生成自动化测试报告。

单元 4　白盒测试

白盒测试也称结构测试或逻辑驱动测试，指基于一个应用代码的内部逻辑知识，通过测试来检测产品内部动作是否按照规格说明书的规定正常运行。白盒测试主要分成两大类：逻辑覆盖法和路径测试法。逻辑覆盖法又分成以下方法：语句覆盖、判定覆盖、条件覆盖、判定 / 条件覆盖、条件组合覆盖以及路径覆盖。路径测试法是根据程序的流程图绘制出程序的控制流图；然后计算出程序的环形复杂度，确定程序的独立路径；最后设计测试用例覆盖所有的独立路径。

- 掌握逻辑覆盖法与路径测试法
- 能根据逻辑覆盖法对程序代码设计测试用例
- 能根据路径测试法对程序代码设计测试用例

任务 1　逻辑覆盖法

任务描述

逻辑覆盖法是根据程序代码画出对应的程序流程图，根据流程图设计测试用例进行语句覆盖、判定覆盖、条件覆盖、判定 / 条件覆盖、条件组合覆盖与路径覆盖。

任务要求

用逻辑覆盖法为下列程序设计测试用例。

程序的代码如下所示。

```
Void Case1(int x,int y,int z)
{
if(x>8)&&(y>5)
if(x>16)||(y>10)
     { 引用语句 1;}
else
   if(x>0)||(y>0)
     { 引用语句 2;}
   else
     { 引用语句 3;}
}
```

知识链接

一、白盒测试概述

1. 为什么要进行白盒测试

如果所有软件错误的根源都可以追溯到某个唯一原因，那么问题就简单了。然而，事实上一个 Bug 常常是由多个因素共同导致的，如图 4-1 所示。

假设此时开发工作已经结束，程序送交到测试组，没有人知道代码中有一个潜在的被 0 除的错误。若测试组采用的测试用例的执行路径没有同时经过 x=0 和 y=10/x 进行测试，显然测试工作似乎非常完善，测试用例覆盖了所有执行语句，也没有被 0 除的错误发生。但实际上这里存在一个严重的 Bug，在今后的使用中会有严重的缺陷。因此，选择测试方法以及设计测试用例非常重要，关系到能否将程序代码中的 Bug 减到最少。

白盒测试也称结构测试或逻辑驱动测试，是针对被测单元内部是如何进行工作的测试。它根据程序的控制结构设计测试用例，主要用于软件或程序的验证。

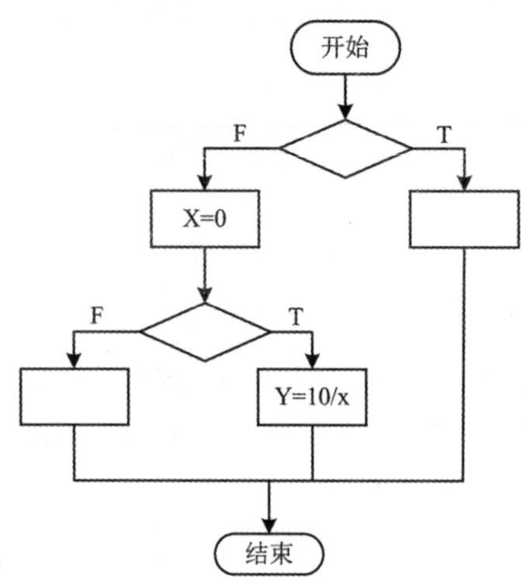

图 4-1　简单的程序流程图

白盒测试法检查的是程序内部的逻辑结构，对所有逻辑路径进行测试，是一种穷举路径的测试方法。但即使每条路径都测试过了，仍然可能存在错误。原因如下：

- 穷举路径测试无法检查出程序本身是否违反了设计规范，即程序是否是一个错误的程序。
- 穷举路径测试不可能查出程序因为遗漏路径而出错。
- 穷举路径测试发现不了一些与数据相关的错误。

采用白盒测试方法必须遵循以下几条原则，才能达到测试的目的：

- 保证一个模块中的所有独立路径至少被测试一次。
- 所有逻辑值均需测试真（True）和假（False）两种情况。
- 检查程序的内部数据结构，保证其结构的有效性。
- 在上下边界及可操作范围内运行所有循环。

白盒测试主要是检查程序的内部结构、逻辑、循环和路径。

2. 测试覆盖率

测试覆盖率是指用于确定测试所执行到的覆盖项的百分比。其中的覆盖项是指作为测试基础的一个入口或属性，比如语句、判定、条件等。

测试覆盖率可以表示出测试的充分性，在测试分析报告中可以作为量化指标的依据，测试覆盖率越高效果越好。但覆盖率不是目标，只是一种手段。

测试覆盖率包括功能点覆盖率和结构覆盖率两种：功能点覆盖率大致用于表示软件已经实现的功能与软件需要实现的功能之间的比例关系；结构覆盖率包括语句覆盖率、分支覆盖率、循环覆盖率及路径覆盖率等。

二、逻辑覆盖法

根据覆盖目标的不同，逻辑覆盖法又可分为语句覆盖、判定覆盖、条件覆盖、判定/条件覆盖、组合覆盖和路径覆盖。

（1）语句覆盖。选择足够多的测试用例，使得程序中的每个可执行语句至少执行一次。

（2）判定覆盖。通过执行足够多的测试用例，使得程序中的每个判定至少都获得一次“真”值和“假”值，也就是使程序中的每个取“真”分支和取“假”分支至少均经历一次，也称为“分支覆盖”。

（3）条件覆盖。设计足够多的测试用例，使得程序中每个判定包含的每个条件的可能取值（真 / 假）都至少满足一次。

（4）判定 / 条件覆盖。设计足够多的测试用例，使得程序中每个判定包含的每个条件的所有情况（真 / 假）至少出现一次，并且每个判定本身的判定结果（真 / 假）也至少出现一次。满足判定 / 条件覆盖的测试用例一定同时满足判定覆盖和条件覆盖。

（5）条件组合覆盖。通过执行足够多的测试用例，使得程序中每个判定的所有可能的条件取值组合都至少出现一次。满足组合覆盖的测试用例一定满足判定覆盖、条件覆盖和判定 / 条件覆盖。

（6）路径覆盖。设计足够多的测试用例，要求覆盖程序中所有可能的路径。

图 4-2 显示了各种覆盖法的强弱关系。

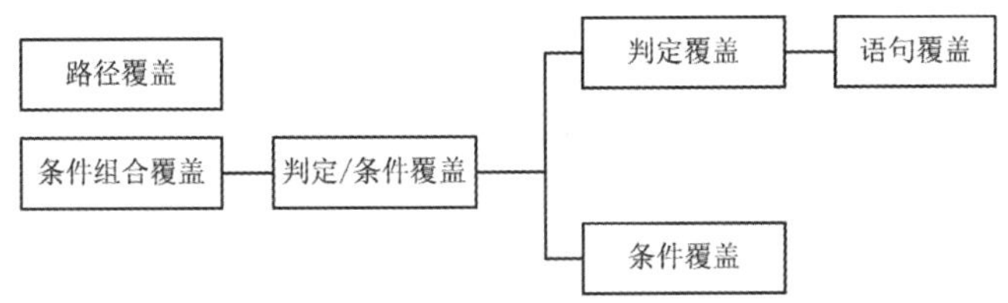

图 4-2　各种组合覆盖法的强弱关系

任务实施

用逻辑覆盖法设计测试用例

根据任务要求中的程序代码绘制程序流程图，如图 4-3 所示。

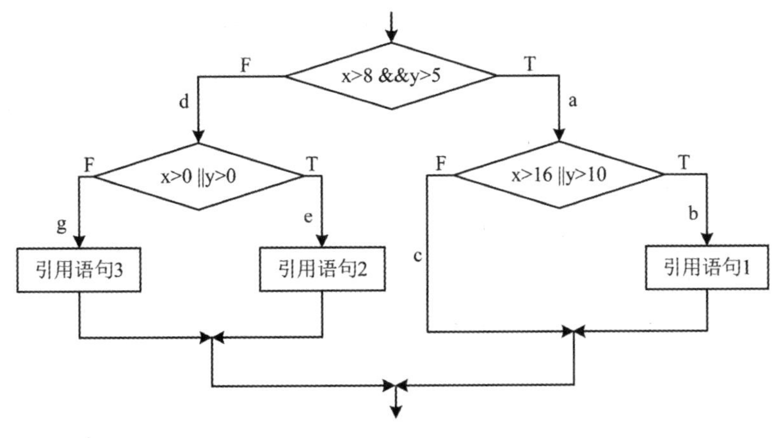

图 4-3　程序流程图

语句覆盖

（1）语句覆盖。要实现 Case1 函数的语句覆盖，需设计 3 个测试用例去覆盖程序中的所有可执行语句，见表 4-1。

表 4-1　语句覆盖测试用例

测试用例	执行路径	覆盖语句
x=17、y=6	ab	引用语句 1
x=7、y=1	de	引用语句 2
x=0、y=0	dg	引用语句 3

分析：表 4-1 中的 3 个测试用例可以保证程序中的每一条语句都得到执行，但判定 (x>16||y>10) 的 F 分支并没有覆盖到，因此语句覆盖是最弱的覆盖。

判定覆盖

（2）判定覆盖。要实现 Case1 函数的判定覆盖，需要设计测试用例覆盖程序流程图的 3 个判定。假设 (x>8 &&y>5) 为判定 1，(x>16||y>10) 为判定 2，(x>0||y>0) 为判定 3。每一个判定取真值记为 T，取假值记为 F。如果要覆盖到每一个判定，则 3 个判定的 6 种情况均应该覆盖到。设计的测试用例见表 4-2。

表 4-2　判定覆盖测试用例

测试用例	执行路径	覆盖判定		
		判定 1	判定 2	判定 3
x=17、y=6	ab	T	T	
x=16、y=10	ac	T	F	
x=7、y=1	de	F		T
x=0、y=0	dg	F		F

从表 4-2 可以看出，每一个判定的 T 和 F 至少覆盖了一次，即满足判定覆盖。满足判定覆盖一定满足语句覆盖。

条件覆盖

（3）条件覆盖。在实际程序代码中，一个判定中通常包含若干条件。条件覆盖的目的是设计若干测试用例，在执行被测程序后，要使每个判定中每个条件的可能值至少满足一次。对 Case1 函数的各个判定的各种条件进行如下分析：

第 1 个判定 (x>8 &&y>5) 中有条件 x>8 和 y>5；第 2 个判定 (x>16||y>10) 中有条件 x>16 和 y>10；第 3 个判定 (x>0 ||y>0) 中有条件 x>0 和 y>0。如果每一个条件取真值记为 T，取假值记为 F，则设计的测试用例使每一个条件的 T 和 F 均有一次，则达到了条件覆盖，设计测试用例见表 4-3。

判定 / 条件覆盖

分析：表 4-3 中 4 组测试用例覆盖了 6 个条件的全部 12 种情况，达到了条件覆盖。

（4）判定 / 条件覆盖。判定 / 条件覆盖实际上是将判定覆盖和条件覆盖结合起来的一种方法，即：设计足够多的测试用例，使得判定中每个条件的所有可能取值至少满足一次，同时每个判定的可能结果也至少出现一次。

表 4-3 条件覆盖测试用例

测试用例	执行路径	覆盖条件					
		x>8	y>5	x>16	y>10	x>0	y>0
x=18、y=7	ab	T	T	T	F		
x=15、y=12	ac	T	T	F	T		
x=6、y=2	de	F	F			T	T
x=0、y=0	dg	F	F			F	F

根据判定 / 条件覆盖的基本思想，需要设计测试用例覆盖 6 个条件的 12 种取值以及 3 个判定的 6 个分支，见表 4-4。

表 4-4 判定 / 条件测试用例

测试用例	执行路径	覆盖条件						覆盖判定		
		x>8	y>5	x>16	y>10	x>0	y>0	判定 1	判定 2	判定 3
x=20、y=11	ab	T	T	T	T			T	T	
x=14、y=9	ac	T	T	F	F			T	F	
x=7、y=1	de	F	F			T	T	F		T
x=0、y=0	dg	F	F			F	F	F		F

（5）条件组合覆盖。条件组合覆盖的目的是要使设计的测试用例能覆盖每一个判定的所有可能的条件取值组合。

条件组合覆盖

对 Case1 函数中的各个判定的条件取值组合加以标记：

1）x>8&&y>5 记作组合 1。

2）x>16||y>10 记作组合 2。

3）x>0 ||y>0 记作组合 3。

如果每个条件取真 T 和假 F 分别一次，一对组合记为 TT、TF、FT 和 FF，则应该有 4 种组合。

根据条件组合覆盖的基本思想，设计测试用例见表 4-5。

表 4-5 条件组合覆盖测试用例

测试用例	执行路径	组合 1		组合 2		组合 3	
		x>8	y>5	x>16	y>10	x>0	y>0
x=17、y=6	ab	T	T	T	F		
x=9、y=11	ab	T	T	F	T		
x=17、y=11	ab	T	T	T	T		
x=10、y=10	ac	T	T	F	F		

续表

测试用例	执行路径	组合 1		组合 2		组合 3	
		x>8	y>5	x>16	y>10	x>0	y>0
x=16、y=4	de	T	F			T	T
x=0、y=6	de	F	T			F	T
x=1、y=0	de	F	F			T	F
x=0、y=0	dg	F	F			F	F

表 4-5 中的 8 组测试用例覆盖了组合 1 的 4 种情况 TT、TF、FT 与 FF，组合 2 的 4 种情况与组合 3 的 4 种情况均有覆盖到，因此满足条件组合覆盖。条件组合覆盖是最强的一种覆盖。

路径覆盖

（6）路径覆盖。前面提到的 5 种逻辑覆盖都未涉及路径覆盖。事实上，只有当程序中的每一条路径都受到了检验，才能使程序得到全面检验。路径覆盖的目的就是要使设计的测试用例能覆盖被测程序中所有可能的路径。

图 4-3 中的路径有 4 条，即 ab、ac、de 和 dg，具体测试用例见表 4-6。

表 4-6　路径覆盖测试用例

测试用例	执行路径
x=17、y=6	ab
x=10、y=10	ac
x=16、y=4	de
x=0、y=0	dg

由判定覆盖、条件覆盖、判定 / 条件覆盖以及条件组合覆盖，可以看到 4 条路径均有覆盖到。但是满足是路径覆盖，并不一定满足是以上的各种覆盖，比如，表 4-6 中的 4 组测试用例并不能满足是组合覆盖。

说明：对于比较简单的小程序，实现路径覆盖是可能做到的。但如果程序中出现较多判断和较多循环，可能的路径数目将会急剧增长，要在测试中覆盖所有的路径是无法实现的。为了解决这个难题，只有把覆盖路径数量压缩到一定的限度内，如程序中的循环体只执行一次。

在实际测试中，即使对于路径数很有限的程序已经做到了路径覆盖，仍然不能保证被测试程序的正确性，还需要采用其他测试方法进行补充。

【思考与练习】

理论题

1．逻辑覆盖法主要有哪些类型？

2．各种逻辑覆盖法之间的强弱关系是什么？

实训题

1．请用逻辑覆盖法为下列程序设计测试用例。

```
void pro(int a, int a, float x)
{
  if (a>1) && (b=0)
   {x:=x/a;}
  if(a=2) || (x>1)
   {x:=x+1;}
}
```

2．根据程序流程（图 4-4）编写程序实现相应分析处理，并设计测试数据进行语句覆盖、判定覆盖、条件覆盖、判定 / 条件覆盖、条件组合覆盖与路径覆盖。其中变量 a、b 均必须为整型。

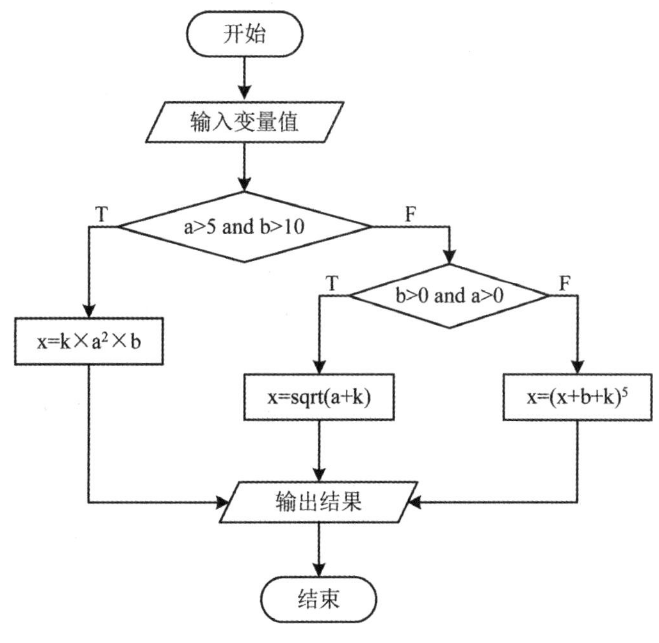

图 4-4　程序流程图

任务 2　路径测试法

任务描述

路径测试法是根据程序的流程图绘制出程序的控制流图，计算出环形复杂度，得到独立路径总数，再设计相应的测试用例覆盖每一条独立路径。

任务要求

三角形问题测试

在三角形问题中，要求输入 3 条边长：a，b，c。当 3 条边不可能构成三角形时提示错误，打印“不能构成三角形”。如果可以构成三角形则作判断：若是等腰三角形打印“等腰三角形”；若是等边三角形则打印“等边三角形”；否则打印“一般三角形”。写出程序代码，画出相应的程序流程图，采用基本路径测试方法为该程序设计测试用例。

知识链接

一、路径表达式

为了满足路径覆盖，必须首先确定具体的路径以及路径的个数。通常会采用控制流图的边（弧）序列和节点序列表示某一条具体路径，如图 4-5 所示。具体表示方法如下所述。

（1）弧 a 和弧 b 相乘，表示为 ab，它表明路径是先经历弧 a，接着再经历弧 b，弧 a 和弧 b 是先后相接的。

（2）弧 c 和弧 d 相加，表示为 c+d，它表明两条弧是“或”的关系，是并行的路段。

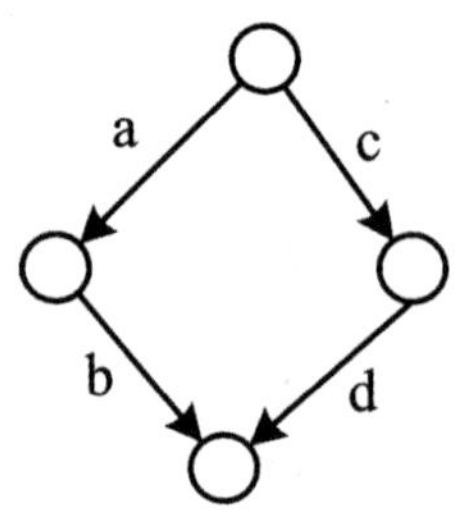

图 4-5　路径

在路径表达式中，将所有弧均以数值 1 来代替，再进行表达式的相乘和相加运算，最后得到的数值即为该程序的路径数。

路径测试就是从一个程序的入口开始，执行所经历的各个语句的完整过程。从广义的角度讲，任何有关路径分析的测试都可以被称为路径测试。

完成路径测试的理想情况是做到路径覆盖，但对于复杂度大的程序要做到所有路径覆盖（测试所有可执行路径）是不可能的。

在不能做到所有路径覆盖的前提下，如果某一程序的每一个独立路径都被测试过，那么可以认为程序中的每个语句都已经检验过了，即达到了语句覆盖。这种测试方法就是通常所说的基本路径测试方法。

基本路径测试方法是在控制流图的基础上，通过分析控制结构的环形复杂度，导出执行路径的基本集，再从该基本集设计测试用例。基本路径测试方法包括以下 4 个步骤：

（1）画出程序的控制流图。

（2）计算程序的环形复杂度，导出程序基本路径集中的独立路径条数，这是确定程序中每个可执行语句至少执行一次所必须的测试用例数目的上界。

（3）导出基本路径集，确定程序的独立路径。

（4）根据步骤（3）中的独立路径，设计测试用例的输入数据和预期输出。

二、控制流图

控制流图（简称流图）是对程序流程图进行简化后得到的，它可以更加突出地表示程序控制流程图的结构。控制流图中包括两种图形符号：节点和控制流线。节点由带标号的圆圈表示，可代表一个或多个语句、一个处理框序列和一个条件判定框（假设不包含复合条件）。控制流线由带箭头的弧或线表示，可称为边。它代表程序中的控制流。对于复合条件，则可将其分解为多个单个条件，并映射成控制流图。

常见的控制流图结构如图 4-6 所示。

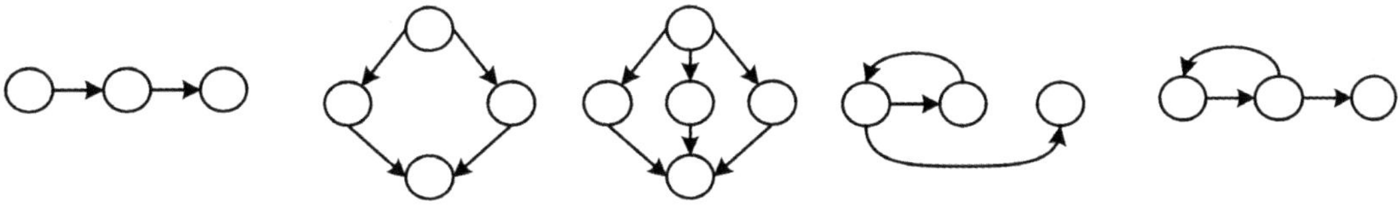

（a）顺序结构　（b）If 选择结构　（c）Case 分支结构　（d）While 循环结构　（e）Until 循环结构

图 4-6　常见的控制流图结构

如果判断中的条件表达式是由一个或多个逻辑运算符（OR，AND，NAND，NOR）连接的复合条件表达式，则需要改为一系列只有单条件的嵌套的判断。

例如，下述程序代码对应的控制流图如图 4-7 所示。

```
if a or b
  x
else
  y
```

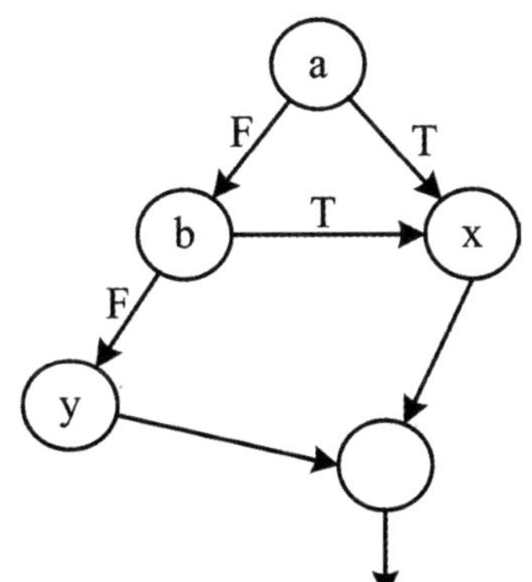

图 4-7　简单的 if 语句控制流图

图 4-8 所示是一个程序的流程图。

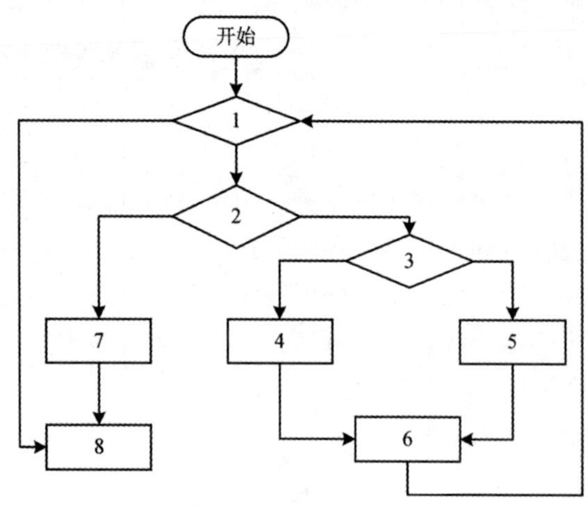

图 4-8 程序流程图

将图 4-8 的程序流程图转换成控制流图，如图 4-9 所示。

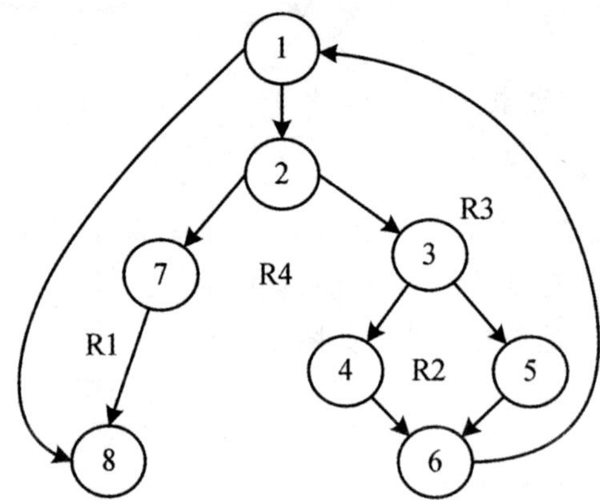

图 4-9 控制流图

三、环形复杂度

环形复杂度也称为圈复杂度，它是一种为程序逻辑复杂度提供定量尺度的软件度量。

1. 环形复杂度的应用

可以将环形复杂度用于基本路径方法。它可以提供：程序基本集的独立路径数量；确保所有语句至少执行一次的测试数量的上界。

独立路径是指程序中至少引入了一个新的处理语句集合或一个新条件的程序通路。采用控制流图的术语，即独立路径必须至少包含一条在本次定义路径之前不曾用过的边。

测试可以被设计为基本路径集的执行过程，但基本路径集通常并不唯一。

2. 计算环形复杂度的方法

环形复杂度以图论为基础，为我们提供了非常有用的软件度量，可用如下 3 种方法之一来计算环形复杂度。

（1）控制流图中封闭区域的数量 +1 个开放区域对应于环形复杂度。由图 4-9 得知，有 3 个封闭区域 R1、R2、R3，有 1 个开放的区域 R4，即环形复杂度为 4。

（2）给定控制流图 G 的环形复杂度 V(G)，定义为

$$V(G) = E-N+2$$

式中，E 是控制流图中边的数量；N 是控制流图中的节点数量。

图 4-9 中边的数量是 10，节点的数量是 8，则其环形复杂度 V(G)=10-8+2=4，即计算出独立路径数量是 4。

（3）给定控制流图 G 的环形复杂度 V(G)，定义为

$$V(G) = P+1$$

式中，P 是控制流图 G 中判定节点的数量。

如图 4-9 所示，判定节点数有 1、2、3 三个，则 V(G) = P+1=3+1=4，推断出独立路径数同样是 4。

四、独立路径

独立路径：至少沿一条新的边移动的路径。图 4-8 对应的独立路径有 4 条，如图 4-10 所示。

路径 1：1 → 8

路径 2：1 → 2 → 7 → 8

路径 3：1 → 2 → 3 → 4 → 6 → 1 → 8

路径 4：1 → 2 → 3 → 5 → 6 → 1 → 8

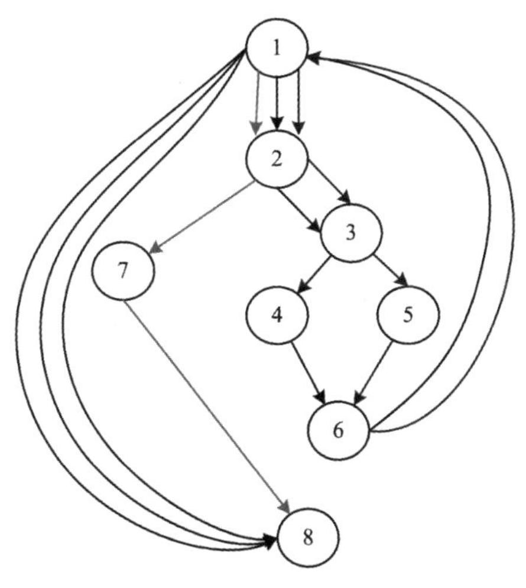

图 4-10　独立路径图

对于路径的遍历，至少执行一次程序中的语句。其中，包含条件的节点被称为判定节点（也叫谓词节点），由判定节点发出的边必须终止于某一个节点，由边和节点所限定的

范围被称为区域。

输入数据路径测试

任务实施

三角形问题测试

（1）程序代码如下：

```
void IsTri(int a,int b,int c)
{
  if ((a<b+c)||(b<a+c)||(c<a+b)) {
    if((a==b)||(b==c)||(a==c)){
      if((a==b)&&(b==c)){
        printf(" 等边三角形 ");
      }else{
        printf(" 等腰三角形 ");
      } else{
        printf(" 一般三角形 ");
      }
    } else{
      printf(" 不能构成三角形 ");
  } }
}
```

（2）画出程序流程图。在画程序流程图时，尽量采用单条件，比如将一个组合条件 (a<b+c)||(b<a+c)||(c<a+b)) 拆分成 3 个单条件，便于画出控制流图以及设计独立路径。具体程序流程图如图 4-11 所示。

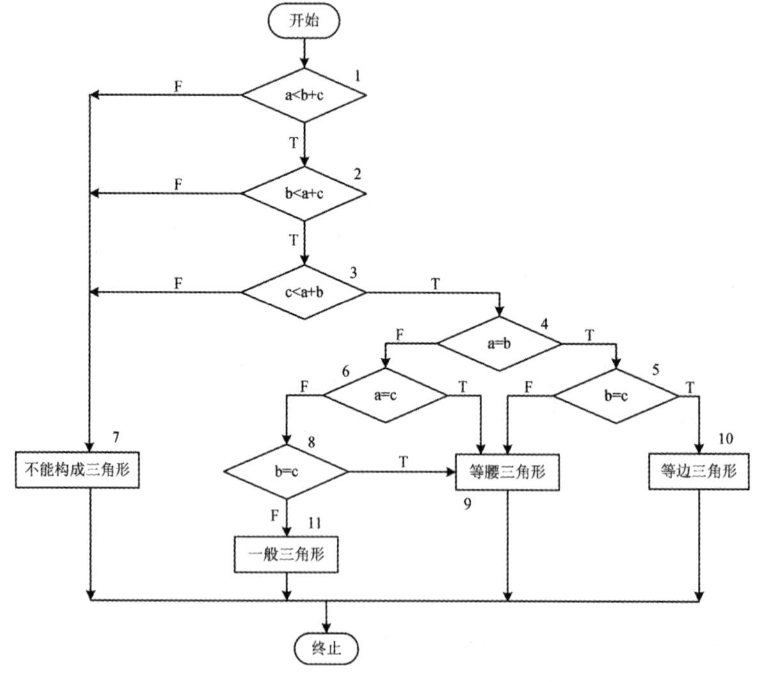

图 4-11　三角形程序流程图

（3）画出控制流图。根据程序流程图画出控制流图，如图 4-12 所示。

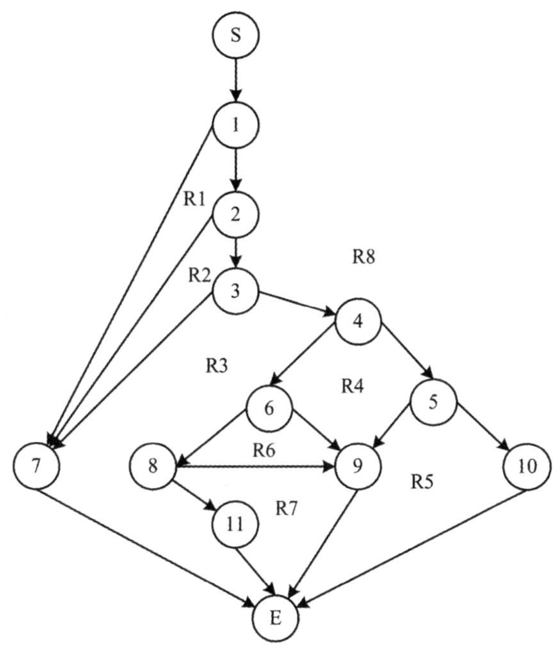

图 4-12 三角形控制流图

（4）计算环形复杂度。

- 根据闭合区域计算。根据图 4-12 可知，有 7 个闭合区域（R1 ～ R7），有 1 个开放区域 R8，即总共有 8 个区域，故环形复杂度为 8。
- 根据判断节点计算。判断节点是 1、2、3、4、5、6、8、9，总共 7 个，7+1=8，即环形复杂度为 8。
- 根据边与节点计算。图 4-12 中的边的数目是 19，节点的数目是 13，19-13+2=8，即环形复杂度为 8。

（5）独立路径数。根据环形复杂度得到独立路径数为 8。具体的路径如下：

1）1 → 7。

2）1 → 2 → 7。

3）1 → 2 → 3 → 7。

4）1 → 2 → 3 → 4 → 5 → 9。

5）1 → 2 → 3 → 4 → 5 → 10。

6）1 → 2 → 3 → 4 → 6 → 9。

7）1 → 2 → 3 → 4 → 6 → 8 → 9。

8）1 → 2 → 3 → 4 → 6 → 8 → 11。

（6）设计测试用例。设计测试用例覆盖每一条独立路径，见表 4-7。

表 4-1　三角形测试用例

用例编号	覆盖的路径	输入三条边长（a，b，c）	预期结果
1	1→7	5，3，1	不是三角形
2	1→2→7	3，5，1	不是三角形
3	1→2→3→7	3，1，5	不是三角形
4	1→2→3→4→5→9	3，3，4	等腰三角形
5	1→2→3→4→5→10	3，3，3	等边三角形
6	1→2→3→4→6→9	3，4，3	等腰三角形
7	1→2→3→4→6→8→9	3，4，4	等腰三角形
8	1→2→3→4→6→8→11	3，4，5	一般三角形

【思考与练习】

理论题

路径表达式设计测试用例的基本步骤是什么？

实训题

画出图 4-13 所示的程序流程图对应的控制流图，计算圈复杂度，并为每一条独立路径设计测试用例。

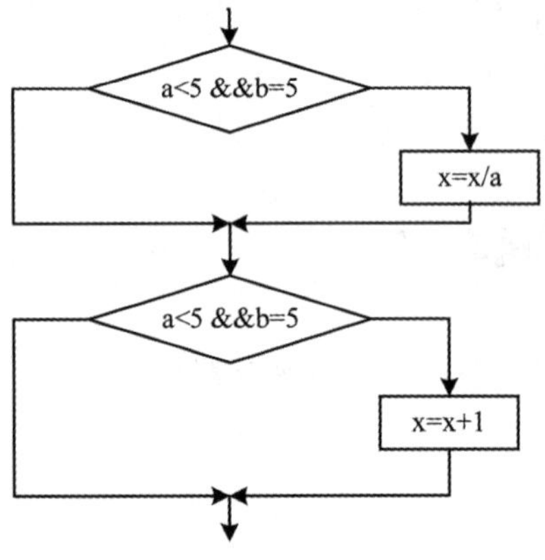

图 4-13　程序流程图

单元 5　性能测试

单元导读

性能测试指的是软件系统的执行效率、资源占用、稳定性、安全性、兼容性、可扩展性以及可靠性等。本单元主要使用 LoadRunner 工具对软件系统进行脚本录制和场景设置，最后生成性能测试报告。

教学目标

- 掌握性能测试常用的术语
- 掌握性能测试的基本流程
- 掌握 Virtual User Generator、Controller、Analysis 三个组件的使用方法
- 掌握性能测试脚本的录制与编辑、场景设置与性能测试报告分析的基本方法

任务 1　录制与编辑脚本

任务描述

利用 LoadRunner 录制的脚本一定要能正确地回放，才能进行脚本的参数化、检查点、关联、事务、集合点的设置。

任务要求

为资产管理系统录制一个登录、新增部门、新增资产类别、最后退出系统的脚本。“新增部门”的界面如图 5-1 所示，“新增资产类别”的界面如图 5-2 所示。

新增部门
* 部门名称:
字符长度限制在10位字符（含）
* 部门编码:
字符长度限制在6-8位字符（含）
保存
取消

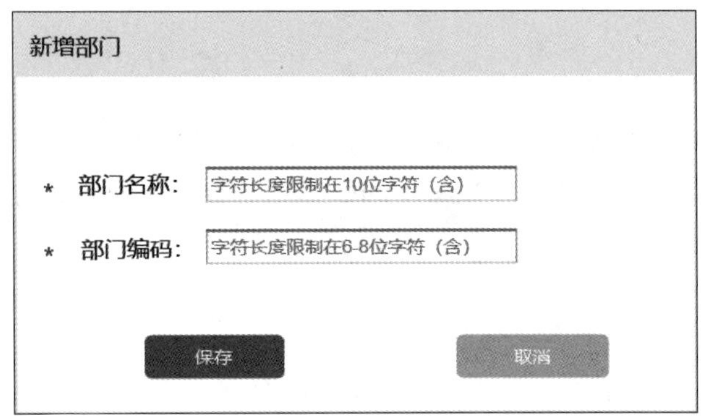

图 5-1　“新增部门”界面

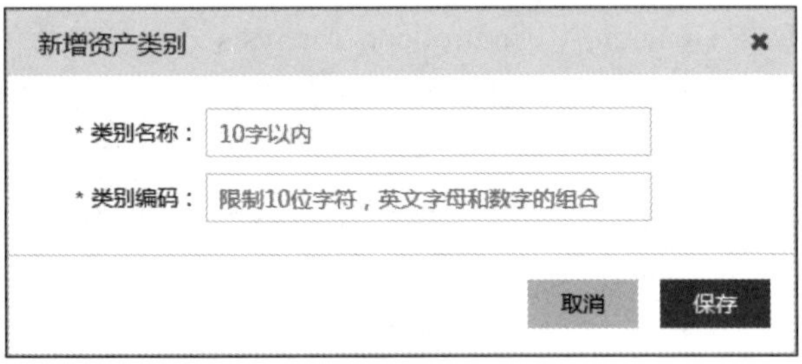

新增资产类别
* 类别名称：
10字以内
* 类别编码：
限制10位字符，英文字母和数字的组合
取消
保存

图 5-2　“新增资产类别”界面

将录制的脚本命名为 test_task1，具体的要求如下：

（1）以系统管理员登录，并将登录脚本录制在 vuser_init 中。

（2）将新增部门、新增资产类别脚本放在 Action 当中。

新增部门的设置事务为 add_department，并对新部门名称和部门编码进行参数化，具体见表 5-1 中的数据；新增资产类别的设置事务为 add_asset_type，并对新资产类别名称和编码进行参数化，具体见表 5-2 中的数据。

表 5-1　部门参数化列表

部门名称	部门编码
销售部	xs001
技术部	js001
采购部	cg001
宣传部	xc001
生产部	sc001

表 5-2　资产类别参数化列表

资产类别名称	资产类别编码
台式电脑	PC0001
笔记本电脑	PC0002
服务器	PC0003
硬盘	PC0004
优盘	PC0005

（3）添加一个检查点，用于检查新增的部门名称是否存在。

（4）在新增部门之前添加一个集合点 check_department。

（5）将退出系统的脚本录制在 vuser_end 中。

知识链接

一、性能测试概述

1. 什么是性能测试

软件性能是与软件功能相对应的一种非常重要的非功能特性，表明了软件系统对时间及时性与资源经济性的要求。对于一个软件系统，运行时执行速度越快、占用系统存储资源及其他资源越少，则软件性能越好。

软件性能与软件功能是软件能力的不同体现，以一个人的工作能力来比喻："性能"指此人完成这件事情的效率，"功能"是某个人能够做的事情。在功能相同的情况下，性能是衡量事情完成效果的一个重要因素。

软件系统性能测试最主要的目标是验证软件性能是否符合软件需求文档中的性能指标要求，是否符合预定的设计目标，是否达到系统预估的质量特性：功能性、可靠性、易用性、效率性、维护性、可移植性等。通过性能测试的手段来发现系统中存在的缺陷和进行性能瓶颈定位，从而对系统进行优化。

2. 不同角色对软件性能的理解

（1）从系统用户角度看软件性能。系统用户指实际使用系统功能的人员。系统用户看到的软件性能就是软件的响应时间，即当用户在软件中执行一个功能操作后，到软件把本次操作的结果完全展现给用户所消耗的时间。

影响系统响应时间的因素有：功能的粒度、客户端网络情况、服务器当前忙闲情况等。从系统用户角度看，软件响应时间越短，系统性能越好。

（2）从系统运维人员角度看软件性能。系统运维人员指负责维护软件系统运行的工作人员。

运维人员在关注系统响应时间的同时，还需要关注系统的资源利用率、系统的最大容量、系统访问量变化趋势、数据量增长幅度及系统扩展能力等，并在此基础上制订合理的系统维护计划，以保障系统能够为用户提供稳定、可靠、持续的服务。

（3）从系统开发人员角度看软件性能。系统开发人员关心的问题是系统架构是否合理、数据库设计是否存在问题、系统中是否存在不合理的线程同步方式等。

3. 性能测试术语

（1）并发用户数。并发用户数指同一时刻与服务器进行数据交互的所有用户数量，也可以理解为同时向系统提交请求的用户数目。注册用户数指系统中全部注册用户的数量；在线用户数指在相同时间段内登录了系统，并在系统中进行操作的用户数量。

- 平均并发用户数：在系统正常访问量情况下的并发用户数。
- 最大并发用户数：在峰值访问情况下的并发用户数。

（2）吞吐量。吞吐量指单位时间内系统处理的客户请求数量，体现系统的整体处理能力。系统吞吐量越大，说明系统性能越好。衡量吞吐量的常用指标包括：

- RPS：请求数/秒，描述系统每秒能够处理的最大请求数量。
- PPS：页面数/秒，描述系统每秒能够处理的页面数量。
- PVS：页面数/天，描述系统每天总的页面访问数量。
- TPS：事务/秒，描述系统每秒能够处理的事务数量。
- QPS：查询/秒，描述系统每秒能够处理的查询请求数量。

（3）单击率。单击率是每秒钟用户向 Web 服务器提交的 HTTP 请求的数量，单击率越大对服务器的压力越大。需要注意的是，这里的单击并非指鼠标的一次单击操作，因为在一次单击操作中，客户端可能向服务器发出多个 HTTP 请求。

（4）事务响应时间。事务是指做某件事情的操作，完成某个事务所需要的时间称为事务响应时间（Transaction Response Time），这是用户最关心的指标。例如，对于一个网站的响应时间就是从单击一个链接开始计时，到这个链接的页面内容完全在浏览器里展现出来的这一段时间间隔。具体的事务响应时间又可以细分为：

- 服务器端响应时间：指服务器完成交易请求执行的时间。
- 网络响应时间：指网络硬件传输交易请求和交易结果所耗费的时间。
- 客户端响应时间：指客户端在构建请求和展现交易结果时所耗费的时间。对于“瘦”客户端的 Web 应用系统，这个时间很短；但如果是“富”客户端应用，如 AJAX，由于客户端嵌入了大量的逻辑处理，耗费的时间可能会比较长，从而成为系统的瓶颈。

（5）资源使用率。资源使用率指对不同的系统资源的使用程度，例如服务器的 CPU

利用率、磁盘利用率等。资源利用率是分析系统性能指标进而改善性能的主要依据，因此是 Web 性能测试工作的重点。

4. 性能测试类型

性能测试的类型以及定义说明见表 5-3。

表 5-3 性能测试的类型

性能测试类型	定义说明
基准测试	通过设计科学的测试方法、测试工具和测试系统，实现对一类测试对象的某种性能指标进行定量的和可对比的测试。主要目的是检验系统性能与相关标准的符合程度
压力测试	通过对软件系统不断施加压力，识别系统性能拐点，从而获得系统提供的最大服务级别的测试活动。主要目的是检查系统处于压力情况下应用的表现
负载测试	通过在被测系统中不断增加压力，直到达到性能指标极限要求。主要目的是找到特定环境下系统处理能力的极限
并发测试	确定当测试多用户并发访问同一个应用、模块、数据时是否产生隐藏的并发问题，如内存泄露、线程锁、资源争用等问题。主要目的并非为了获得性能指标，而是为了发现并发引起的问题
疲劳测试	通过让软件系统在一定访问量情况下长时间运行，以检验系统性能在多长时间后会出现明显下降。主要目的是验证系统运行的可靠性
数据量测试	通过让软件在不同数据量情况下运行，以检验系统性能在各种数据量情况下的表现。主要目的是找到支持系统正常工作的数据量极限
配置测试	通过对被测系统的软件、硬件环境的调整，了解各种不同环境对系统性能影响的程度，从而找到系统各项资源的最优分配原则。主要目的是了解各种不同因素对系统性能影响的程度，从而判断出最值得进行的调优操作

5. 性能测试过程

性能测试的过程以及每个步骤的具体内容如表 5-4 所列。

表 5-4 性能测试过程

序号	步骤	具体内容
1	制订测试计划	明确测试范围、制订进度计划、制订成本计划、制订环境计划、制订测试工具计划、分析测试风险
2	设计测试方案	明确性能需求、设计性能测试用例、设计脚本录制方案、设计测试场景、设计测试结果指标
3	搭建测试环境	搭建硬件环境、软件环境、测试环境和准备数据环境
4	执行性能测试	脚本录制与开发、场景设置、测试执行、测试监控
5	分析测试结果	测试结果分析、性能瓶颈分析、制订优化方案、性能测试总结

二、LoadRunner 工具的安装

性能测试环境安装

（1）下载 LoadRunner。打开网址：https://www.microfocus.com/zh-cn/products/loadrunner-professional/download，注册一个用户名，便可以下载 LoadRunner 的试用版。本任务以 LoadRunner 12.55 为例。

（2）安装完成后，在桌面会有如图 5-3 所示的 3 个图标。其中 Virtual User Generator 组件用于录制与编辑脚本；Controller 组件用于场景的设置；Analysis 组件用于产生分析报告。

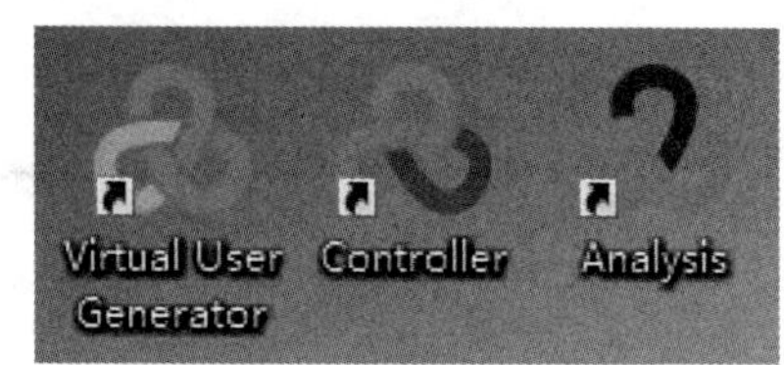

图 5-3 LoadRunner 的 3 个组件

三、脚本录制选项的设置

创建一个脚本（Script Section）主要包含 3 部分内容：vuser_init()、Action() 和 vuser_end()。

- vuser_init() 一般是脚本的初始部分，只能有一个且只能执行一次，比如可以把登录部分放在此部分。
- Action() 是执行动作部分，可以有多个，可以多次迭代。
- vuser_end() 是脚本的结束部分，只能有一个且只能执行一次，比如可以把退出系统部分放在 end 中。

（1）创建脚本（Create a New Script）的选项设置如图 5-4 所示，选择“Single Protocol”→“Web-HTTP/HTML”命令。

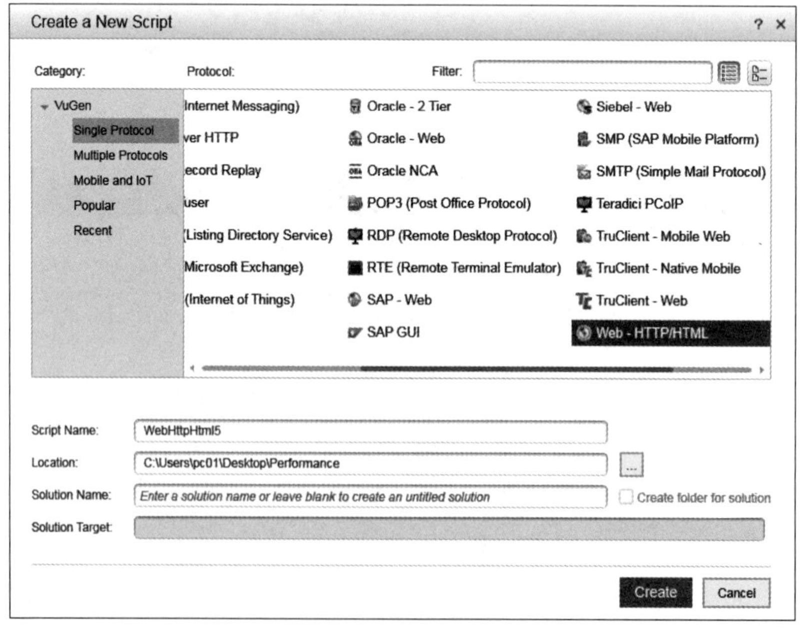

图 5-4 创建新脚本

（2）开始录制的选项设置。开始录制的选项如图 5-5 所示，Application 项是选择录制用的浏览器，本任务以 Microsoft Internet Explorer 为例；在 URL address 项输入录制系统的网址。

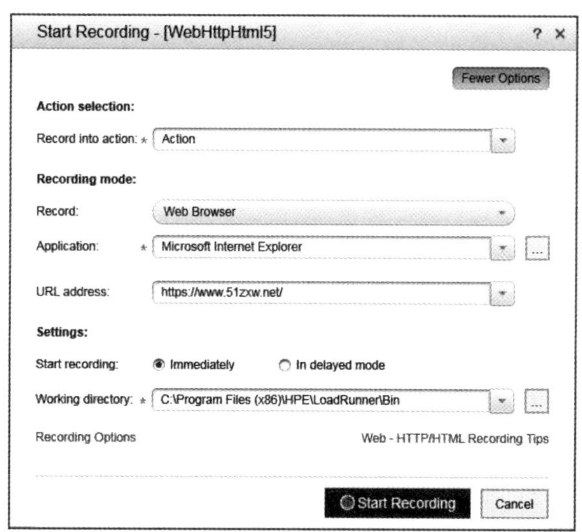

图 5-5　开始录制选项设置

（3）录制工具栏如图 5-6 所示。

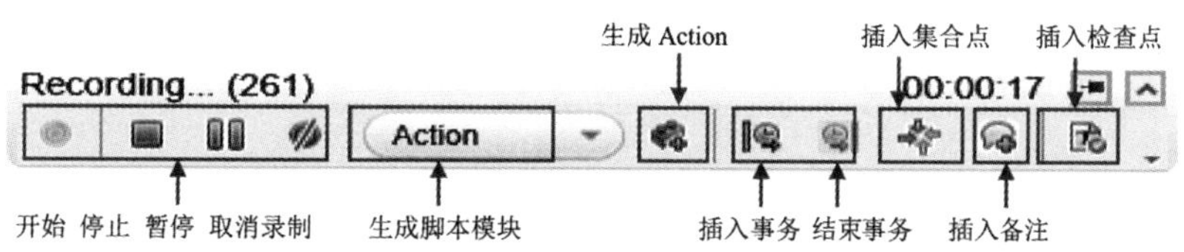

图 5-6　录制工具栏

四、两个常用函数

1. web_url 函数

录制脚本完成后，一般会将脚本放入 web_url 函数中，如图 5-7 所示。

```
web_url("login.do",
    "URL=http://localhost:9000/front/login.do",
    "TargetFrame=",
    "Resource=0",
    "RecContentType=text/html",
    "Referer=",
    "Snapshot=t7.inf",
    "Mode=HTML",
    EXTRARES,
    "Url=../style/front/images/text_body_bg.jpg", ENDITEM,
    "Url=../style/front/images/Log_pc.png", ENDITEM,
    "Url=../favicon.ico", "Referer=", ENDITEM,
    "Url=../style/colorbox1.4.33/images/controls.png", ENDITEM,
    "Url=../style/colorbox1.4.33/images/loading.gif", ENDITEM,
    LAST);
```

图 5-7　web_url 函数

2. web_submit_data 函数

如果在录制过程涉及提交数据，则会将脚本放入 web_submit_data 函数中，如图 5-8 所示。

```
web_submit_data("login.do_2",
    "Action=http://localhost:9000/front/login.do",
    "Method=POST",
    "TargetFrame=",
    "RecContentType=text/html",
    "Referer=http://localhost:9000/front/login.do",
    "Snapshot=t8.inf",
    "Mode=HTML",
    ITEMDATA,
    "Name=post", "Value=资产管理员", ENDITEM,
    "Name=taskId", "Value=30", ENDITEM,
    "Name=loginName", "Value=0001", ENDITEM,
    "Name=password", "Value=0001", ENDITEM,
    "Name=vericode", "Value=", ENDITEM,
    EXTRARES,
    "Url=../style/front/font-awesome-4.7.0/fonts/fontawesome-webfont.eot", "Referer=http://localhost:9000/front/asset_user/user_info.do?context=", ENDITEM,
    "Url=../style/front/images/exit.png", "Referer=http://localhost:9000/front/asset_user/user_info.do?context=", ENDITEM,
    "Url=../style/front/images/property_banner.jpg", "Referer=http://localhost:9000/front/asset_user/user_info.do?context=", ENDITEM,
    LAST);
```

图 5-8　web_submit_data 函数

五、思考时间（Think Time）

用户在进行一系列连续操作时，常常会有停留时间，我们把这个时间叫作思考时间。在录制脚本的过程中，脚本会根据录制过程中的停留时间自动加上思考时间，也可以人为地在脚本合适的地方插入思考时间。插入思考时间的具体操作如下所述。

执行 Design → Insert in Script → New Step 命令，在弹出的“Steps Toolbox”窗口中输入 think，在搜索结果中双击 lr_think_time，如图 5-9 所示。如输入思考时间 7，脚本中便会插入 lr_think_time(7)。

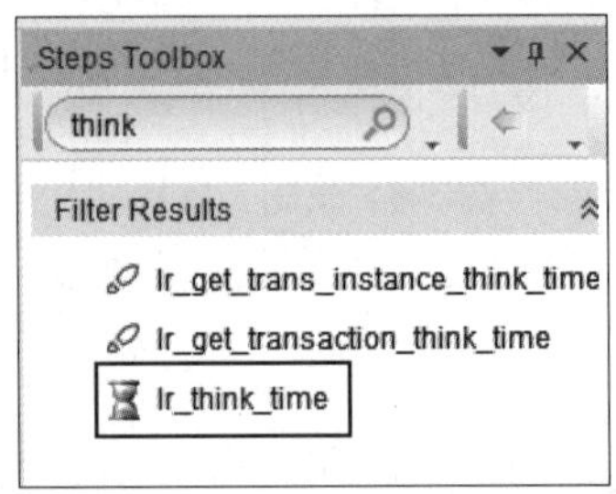

图 5-9　插入 lr_think_time 函数

思考时间还有如下的一些设置，如图 5-10 所示，当勾选其中的各个单选按钮时，其意义具体说明如下：

- Ignore think time：忽略思考时间。
- Replay think time as recorded：回放思考时间等于录制思考时间。
- Multiply recorded think time by：回放思考时间等于录制思考时间乘以该项设置的值。
- Use random percentage of recorded think time：回放思考时间使用录制思考时间的百分比。
- Limit think time to：限制思考时间的最大值。

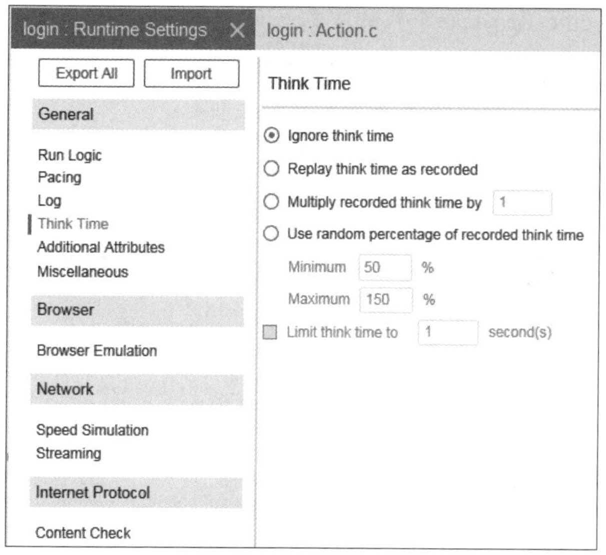

图 5-10　思考时间的设置

六、检查点（Web Text Check）

检查点

在录制脚本的过程中，为了验证请求是否成功，常常添加检查点，以检查从服务器返回的内容是否正确。添加检查点的具体步骤如下：

（1）执行 Design → Insert in Script → New Step 命令，弹出“Steps Toolbox”窗口，在窗口中搜索 web_reg_find，如图 5-11 所示。

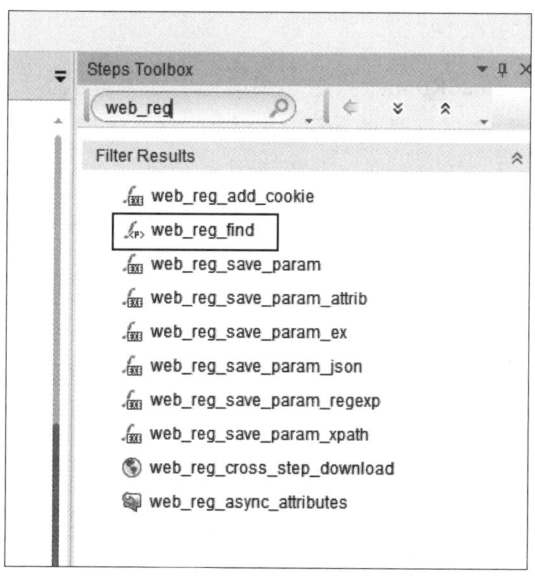

图 5-11　插入 web_reg_find 函数

（2）在搜索结果中双击 web_reg_find，弹出“Find Text”对话框，如图 5-12 所示。其中各项内容的意义说明如下：

- Search for specific Text：要查找的文本。
- Search for Text by start and end of string：根据左右边界查找文本。
- Search in：在服务器返回的哪部分中进行查询。
- Save count：将查找内容出现的次数保存到一个参数中。
- Fail if：什么情况下检查失败。

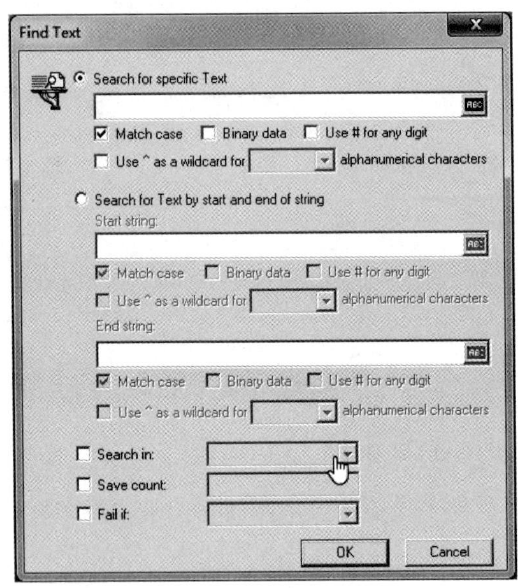

图 5-12 “Find Text”对话框

七、参数化（Parameters）

参数化

在录制脚本的时候，LoadRunner 只是忠实地记录了所有从客户端发送到服务器的数据，而在进行性能测试的时候，为了模拟更加真实的现实应用，对于某些信息需要每次提交不同的数据，或者使用多个不同的值进行循环输入。这时，在 LoadRunner 中就可以进行参数化设置，以使用多个不同的值提交应用请求。设置参数化的过程如下所述。

1. 选择 Replace with Parameter

在要设置参数化的地方右击，如图 5-13 所示，选择 Replace with Parameter → Create New Parameter 命令。

2. 输入参数名称

在弹出的对话框中的“Parameter name”选项后的下拉列表中选择参数的名称，如图 5-14 所示，然后单击 Properties 按钮。

3. 输入参数化值

在弹出的对话框中设置具体的参数化数值，如图 5-15 所示。

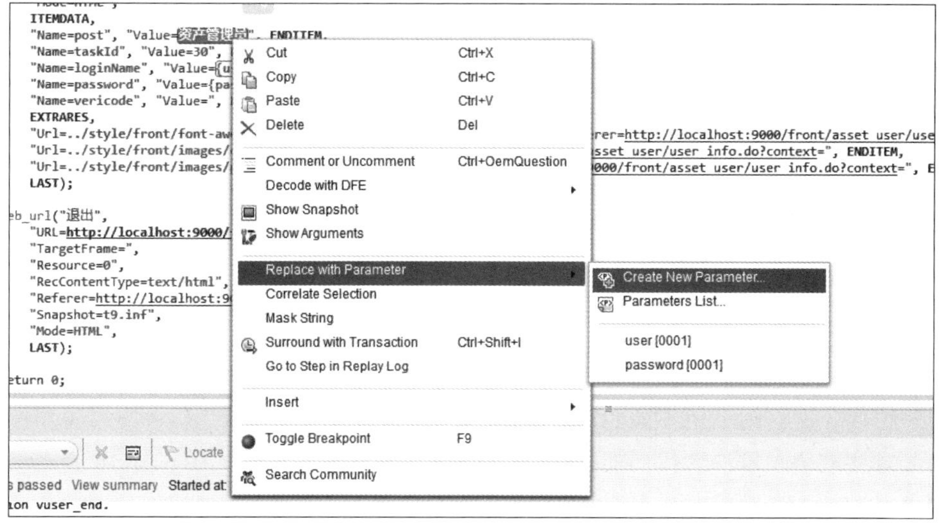

图 5-13　选择 Create New Parameter 命令

图 5-14　输入参数的名称

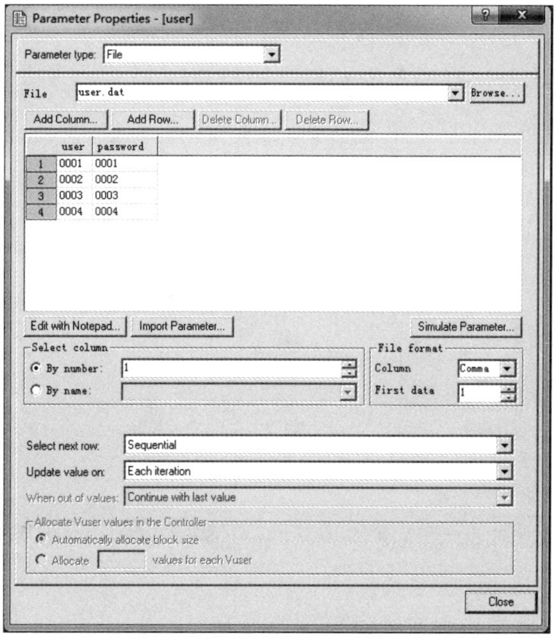

Parameter Properties - [user]

Parameter type: File

File user.dat Browse...

Add Column... Add Row... Delete Column... Delete Row...

	user	password
1	0001	0001
2	0002	0002
3	0003	0003
4	0004	0004

Edit with Notepad... Import Parameter... Simulate Parameter...

Select column: By number: 1 / By name:

File format: Column Comma / First data 1

Select next row: Sequential

Update value on: Each iteration

When out of values: Continue with last value

Allocate Vuser values in the Controller: Automatically allocate block size / Allocate values for each Vuser

Close

图 5-15　设置参数化值

4. 取下一行值的方式（Select next row）

取下一行值的方式主要有 3 种：Sequential 为顺序取值；Random 为随机取值；Unique 为唯一取值。

5. 更新值的方式（Update value on）

更新值的方式主要有 3 种：Each iteration 为每次迭代；Each occurrence 为每次遇见；Once 为一次迭代。

6. 取下一行值与更新值的结合方式

假如设置了手机号的参数有 4 个，分别为 tel01、tel02、tel03、tel04，有虚拟用户 5 个，每个用户迭代 3 次，则采用不同的组合方式，取到的值会有不同。

（1）顺序取值与每次迭代（Sequential + Each iteration），结果如图 5-16 所示。

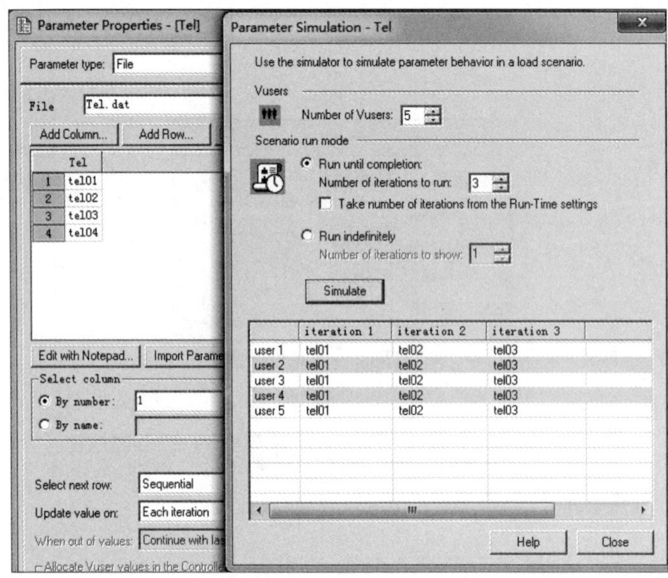

图 5-16 顺序取值与每次迭代

（2）顺序取值与一次迭代（Sequential + Once），结果如图 5-17 所示。

	iteration 1	iteration 2	iteration 3
user 1	tel01	tel01	tel01
user 2	tel01	tel01	tel01
user 3	tel01	tel01	tel01
user 4	tel01	tel01	tel01
user 5	tel01	tel01	tel01

图 5-17 顺序取值与一次取值

（3）唯一取值、每次迭代与终止用户（Unique+ Each iteration+ Abort Vuser），结果如图 5-18 所示。

（4）唯一取值、每次迭代与在一个范围内循环（Unique+ Each iteration+ Continue in a cyclic manner），结果如图 5-19 所示。

	iteration 1	iteration 2	iteration 3
user 1	tel01	tel02	tel03
user 2	tel04	tel04	tel04
user 3	-	-	-
user 4	-	-	-
user 5	-	-	-

图 5-18　唯一取值、每次迭代与终止用户

	iteration 1	iteration 2	iteration 3
user 1	tel01	tel02	tel03
user 2	tel04	tel04	tel04
user 3	-	-	-
user 4	-	-	-
user 5	-	-	-

图 5-19　唯一取值、每次迭代与在一个范围内循环

（5）唯一取值、每次迭代与用最后一个值循环（Unique+ Each iteration+ Continue with last value），结果如图 5-20 所示。

	iteration 1	iteration 2	iteration 3
user 1	tel01	tel02	tel03
user 2	tel04	tel04	tel04
user 3	-	-	-
user 4	-	-	-
user 5	-	-	-

图 5-20　唯一取值、每次迭代与用最后一个值循环

（6）唯一取值与一次迭代（Unique + Once），结果如图 5-21 所示。

	iteration 1	iteration 2	iteration 3
user 1	tel01	tel01	tel01
user 2	tel02	tel02	tel02
user 3	tel03	tel03	tel03
user 4	tel04	tel04	tel04
user 5	-	-	-

图 5-21　唯一取值与一次迭代

（7）随机与每次迭代（Random + Each iteration），结果如图 5-22 所示。

	iteration 1	iteration 2	iteration 3
user 1	tel01	tel02	tel02
user 2	tel01	tel03	tel01
user 3	tel03	tel03	tel04
user 4	tel04	tel02	tel03
user 5	tel01	tel01	tel02

图 5-22　随机与每次迭代

（8）随机与一次迭代（Random + Once），结果如图 5-23 所示。

7. 设置日志选项

（1）设置迭代次数。如果要让脚本多次运行，则要设置迭代次数，如图 5-24 所示，设置的迭代次数是 4。

	iteration 1	iteration 2	iteration 3
user 1	tel03	tel03	tel03
user 2	tel03	tel03	tel03
user 3	tel04	tel04	tel04
user 4	tel03	tel03	tel03
user 5	tel04	tel04	tel04

图 5-23　随机与一次迭代

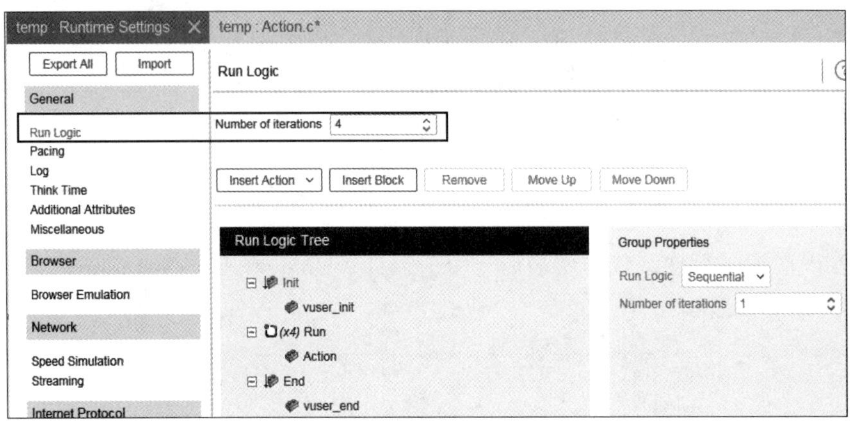

图 5-24　设置迭代次数

（2）设置 Log 选项。设置迭代次数后，若想查看参数替换情况，则需要设置 Log 选项，选中“Parameter substitution”选项前的复选框，如图 5-25 所示。

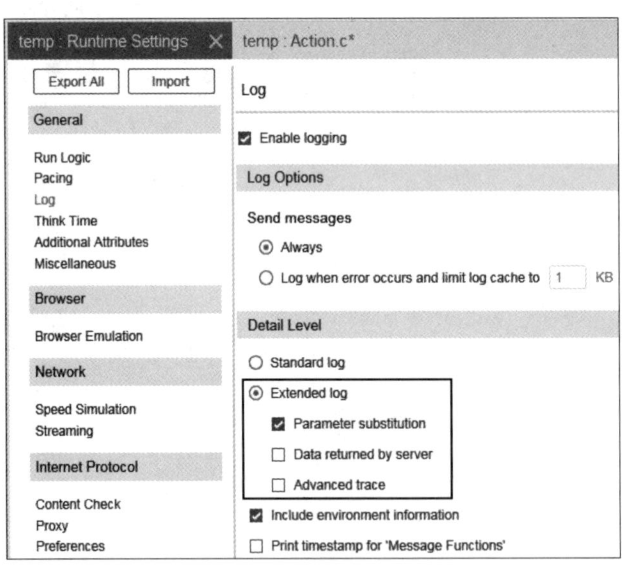

图 5-25　设置 Log 选项

8. 查看参数替换情况

运行脚本后，在 Output 里可以看到蓝色的字体，则可以查看参数替换情况，如图 5-26 所示。

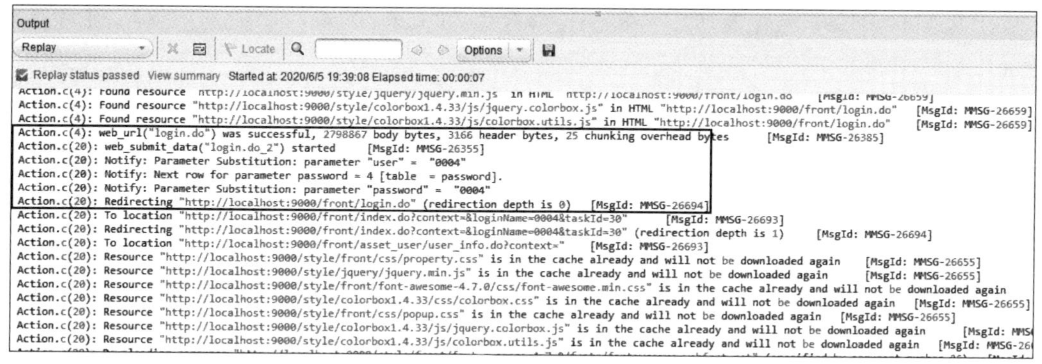

图 5-26　查看参数替换情况

9. 查看参数的设置

如果想查看或者编辑设置的参数，则选择 Design → Parameters → Parameters List 命令，就可以在图 5-15 所示的对话框中查看参数设置情况。

八、关联（Correlation）

关联

LoadRunner 录制脚本的时候，会将服务器返回的 SessionID@1 记录下来；再次发送请求的时候，则用 SessionID@1 发送请求。LoadRunner 回放的时候，服务器返回的是 SessionID@2，但是 LoadRunner 脚本里已经记录了 SessionID@1，它不会自动将其更新为 SessionID@2；再次发送请求的时候，仍然用 SessionID@1 发送请求，这样，服务器接收到错误的 SessionID 便会报错。具体过程如图 5-27 所示。因此，需要设置关联来解决以上问题。

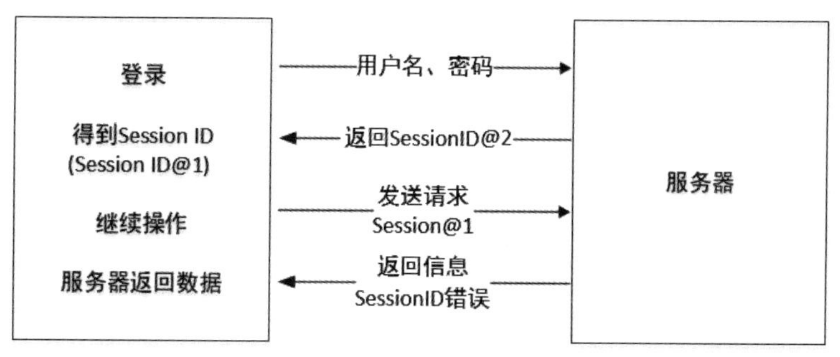

图 5-27　SessionID 的发送

关联主要是用边界去识别模式，然后用指引线去决定和设置动态数据的边界，分析在 HTTP 响应动态数据的位置，识别动态数据的左边界字符串和右边界字符串。左边界和右边界的字符串应该是唯一的值，才能更好地定位到字符串。

web_reg_save_param_ex 函数查找在左边界和右边界之间的字符串，并且保存左边界之后开始一字节的信息和右边界之前一字节的信息。例如：输入“{a{b{c}”，则左边界是“{”，右边界是 “}”，则第一个识别且能唯一识别的是 c，而不是其他的字符。默认最大边界的字符串是 256 个字符。如果使用 web_reg_save_param_len 函数，则最大可以达到 1024 个字符。长度限制并不应用于左边界或右边界为空的情况。

关联的设置步骤如下：

（1）执行 Design → Insert in Script → New Step 命令，弹出“Steps Toolbox”窗口，在该窗口中搜索 web_reg_save_param_ex，如图 5-28 所示。

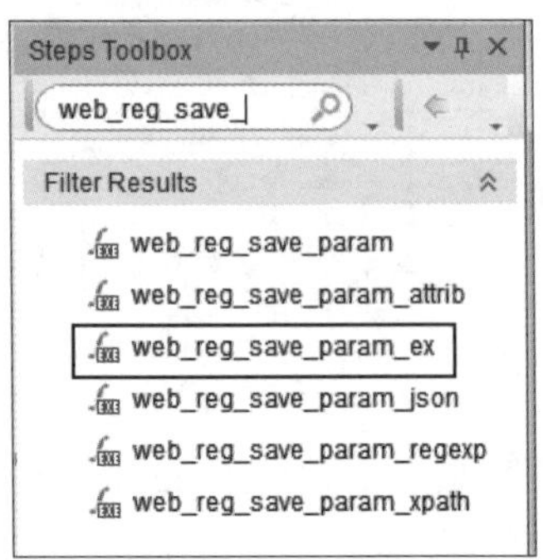

图 5-28 “Steps Toolbox”窗口

（2）在搜索结果中双击 web_reg_save_param_ex，弹出“web_reg_save_param_ex”对话框，如图 5-29 所示。

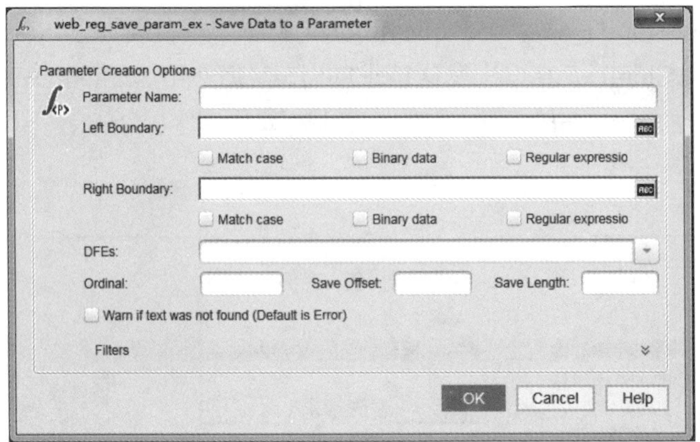

图 5-29 “web_reg_save_param_ex”对话框

图 5-29 所示对话框中主要涉及以下的设置：

- Parameter Name：参数名称。
- Left Boundary：左边界。
- Right Boundary：右边界。
- Ordinal：制定开始匹配的顺序，默认值为 1，可设置为 LAST。如果设置为 ALL，则所有匹配的值都被保存在一个数组。

九、事务（Transaction）

事务

定义事务是为了衡量服务器的性能。每一个事务可衡量服务器响应具体虚拟用户的请求所需要的时间。这些请求可以是简单的任务，比如等待一个单查询，也可以是提交几个查询和产生一个报告。

一个事务，可以插入虚拟函数去标志一个任务的开始和结束。在一个脚本中，可以标志无数个事务，每个事务取不同的名称。

对于 LoadRunner，Controller 用于衡量执行每个事务的时间，在测试运行完成后，可以用分析图形或者报告分析服务器执行每个事务的性能。

在创建一个脚本之前，应该确定想衡量哪些业务流程的性能。用一个事务去标志每一个业务流程或者子流程。

为事务起名时要避免使用符号“，”或“@”，这些符号在打开分析图形时可能会引起错误。

1. 在脚本录制时插入一个事务

（1）单击图 5-6 所示工具栏上的“插入事务”按钮，输入一个事务的名称，然后单击 OK 按钮，当产生脚本后，VuGen 会在脚本中插入一个 lr_start_transaction 声明。

（2）单击图 5-6 所示工具栏上的“结束事务”按钮，然后选择事务并关闭。当产生脚本后，VuGen 会在脚本中插入一个 lr_end_transaction 声明。

2. 在录制完脚本后插入一个事务

方法一：单击 Design → Insert in Script → Start Transaction 命令，插入一个新的事务；选择“End Transaction”命令结束事务；选择“Surround with Transaction”命令，同时标注事务的开始与结束。

方法二：直接按“Ctrl+T”组合键，右击想要在脚本中插入事务的地方，选择 Insert in script → Start Transaction 命令，如图 5-30 所示。当产生脚本后，VuGen 会在脚本中插入一个 lr_start_transaction 声明，输入事务的名称到新的步骤中。

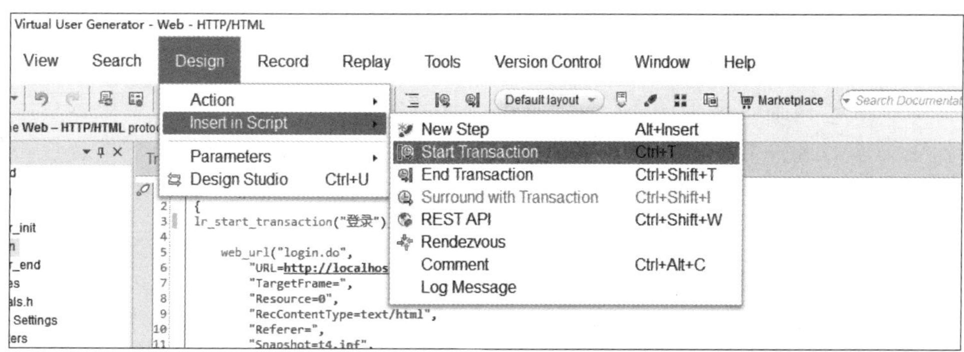

图 5-30 “Start Transaction”和“End Transaction”命令

具体的事务实例如图 5-31 所示。

结束一个事务：直接按“Ctrl+Shift+T”组合键，右击想要在脚本中插入事务的地方，选择 Insert in Script → End Transaction 命令，当产生脚本后，VuGen 会在脚本中插入一个 lr_end_transaction 声明。

```
lr_start_transaction("切换页面");

    web_url("资产申购",
        "URL=http://localhost:9000/front/asset/apply_buy_list.do",
        "TargetFrame=",
        "Resource=0",
        "RecContentType=text/html",
        "Referer=http://localhost:9000/front/asset_user/user_info.do?context=",
        "Snapshot=t6.inf",
        "Mode=HTML",
        EXTRARES,
        "Url=/style/front/images/search.png", ENDITEM,
        LAST);

lr_end_transaction("切换页面", LR_AUTO);
```

图 5-31　事务实例

同时标注事务的开始与结束：直接按“Ctrl+shift+I”组合键，右键单击想要在脚本中插入事务的地方，选择 Insert in Scrip → Surround with Transaction 命令，输入一个事务的名称并单击 OK 按钮，VuGen 会在第一次被选择的步骤之前插入一个 lr_start_transaction 声明，在最后选择的步骤之后插入一个 lr_end_transaction 声明。

十、集合点（Rendezvous Points）

集合点可以同步虚拟用户，以便更好地在同一时刻执行任务，实现并发。

集合点

在一个场景运行时，可以通过使用集合点指导多个虚拟用户在同一时刻去执行任务。一个集合点可以创建密集的用户去加载服务器和使 LoadRunner 能够衡量在加载时的服务器性能。

例如，想衡量一个基于 Web 的银行系统性能如何，可以用 10 个虚拟用户模拟真实的用户在同一时刻检查银行账户信息，去加载服务器。

通过使用集合点使多用户在同一时刻执行相同的动作。当一个虚拟用户到达集合点时，通过场景停留，根据场景从集合点释放虚拟用户，或者当到达需要的虚拟用户数量时，或者经过了指定的时间段，设置一个集合点政策。

可以在录制脚本时单击图 5-6 工具栏的“插入集合点”按钮插入一个集合点，或者在录制完脚本后选择 Design → Insert in Script → Rendezvous 命令插入一个集合点，如图 5-32 所示，便在脚本中自动插入一个 lr_rendezvous 函数。

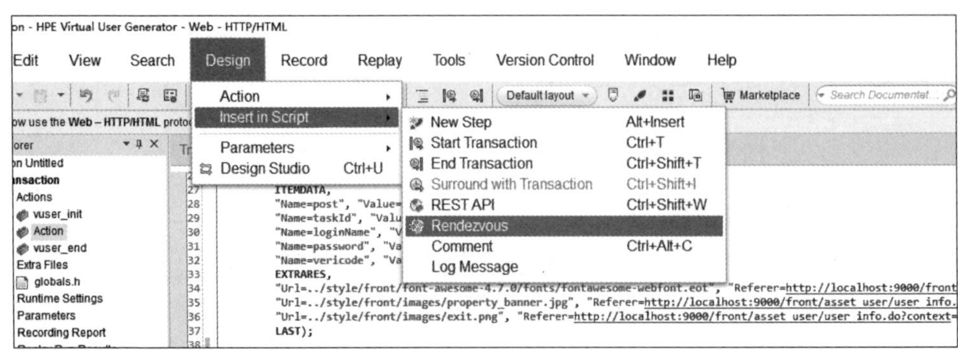

图 5-32　插入集合点

任务实施

资产管理系统脚本的录制与编辑

资产管理系统脚本的录制与编辑

（1）vuser_init 脚本。

```
vuser_init()
{
  web_url("login.do",
    "URL=http://localhost:9000/front/login.do",
    "TargetFrame=",
    "Resource=0",
    "RecContentType=text/html",
    "Referer=",
    "Snapshot=t1.inf",
    "Mode=HTML",
    EXTRARES,
    "Url=../style/front/images/text_body_bg.jpg", ENDITEM,
    "Url=../style/front/images/Log_pc.png", ENDITEM,
    "Url=../favicon.ico", "Referer=", ENDITEM,
    LAST);

  web_submit_data("login.do_2",
    "Action=http://localhost:9000/front/login.do",
    "Method=POST",
    "TargetFrame=",
    "RecContentType=text/html",
    "Referer=http://localhost:9000/front/login.do",
    "Snapshot=t2.inf",
    "Mode=HTML",
    ITEMDATA,
    "Name=post", "Value= 系统管理员 ", ENDITEM,
    "Name=taskId", "Value=30", ENDITEM,
    "Name=loginName", "Value=0034", ENDITEM,
    "Name=password", "Value=0034", ENDITEM,
    "Name=vericode", "Value=", ENDITEM,
    EXTRARES,
    "Url=../style/front/font-awesome-4.7.0/fonts/fontawesome-webfont.eot", "Referer=http://
    localhost:9000/front/asset_user/user_info.do?context=", ENDITEM,
    "Url=../style/front/images/exit.png", "Referer=http://localhost:9000/front/asset_user/user_info.
    do?context=", ENDITEM,
    "Url=../style/front/images/property_banner.jpg", "Referer=http://localhost:9000/front/asset_user/user_
    info.do?context=", ENDITEM,
    LAST);

  return 0;
}
```

（2）录制新增部门事务和新增资产类别事务到 Action 脚本中。

（3）设置参数化。部门参数化如图 5-33 所示，资产类别参数化如图 5-34 所示。

File: depart_title.dat

Add Column... | Add Row... | Delete Column...

	depart_title	depart_code
1	销售部	xs001
2	技术部	js001
3	采购部	cg001
4	宣传部	xc001
5	生产部	sc001

图 5-33　部门参数化

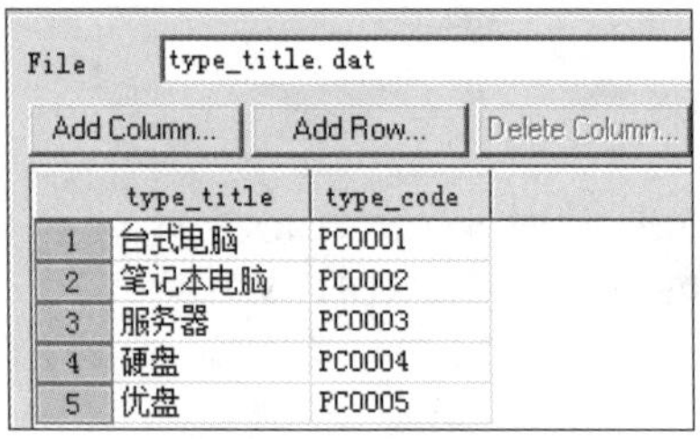

File: type_title.dat

Add Column... | Add Row... | Delete Column...

	type_title	type_code
1	台式电脑	PC0001
2	笔记本电脑	PC0002
3	服务器	PC0003
4	硬盘	PC0004
5	优盘	PC0005

图 5-34　资产类别参数化

（4）设置检查点。检查插入的部门名称是否存在，代码如下所示。

```
web_reg_find("Fail=NotFound",
  "Search=Body",
  "SaveCount=count",
  "Text={depart_title}",
  LAST);
```

（5）设置集合点。在增加部门事务之前插入一个集合点，代码如下所示。

```
lr_rendezvous("check_department");
```

（6）设置事务 add_department 和 add_asset_type 的开始和结束。Action 的脚本如下。

```
Action()
{
  lr_rendezvous("check_department");
  lr_think_time(12);
  lr_start_transaction("add_department");
  web_url("asset_depart_list.do",
    "URL=http://localhost:9000/front/asset_depart/asset_depart_list.do",
    "TargetFrame=",
    "Resource=0",
    "RecContentType=text/html",
    "Referer=http://localhost:9000/front/asset_user/user_info.do?context=",
    "Snapshot=t3.inf",
    "Mode=HTML",
    EXTRARES,
```

```
        "Url=/style/colorbox1.4.33/images/loading.gif", ENDITEM,
        "Url=/style/colorbox1.4.33/images/controls.png", ENDITEM,
        LAST);
    web_url("asset_depart_form.do","URL=http://localhost:9000/front/asset_depart/asset_depart_form.
    do?_=1591880752680",
        "TargetFrame=",
        "Resource=0",
        "RecContentType=text/html",
        "Referer=http://localhost:9000/front/asset_depart/asset_depart_list.do",
        "Snapshot=t4.inf",
        "Mode=HTML",
        LAST);
    lr_think_time(11);
    web_submit_data("asset_depart_save.do",
        "Action=http://localhost:9000/front/asset_depart/asset_depart_save.do",
        "Method=POST",
        "TargetFrame=",
        "Referer=http://localhost:9000/front/asset_depart/asset_depart_list.do",
        "Snapshot=t5.inf",
        "Mode=HTML",
        ITEMDATA,
        "Name=id", "Value=", ENDITEM,
        "Name=title", "Value={depart_title}", ENDITEM,
        "Name=code", "Value={depart_code}", ENDITEM,
        LAST);
     web_reg_find("Fail=NotFound",
        "Search=Body",
        "SaveCount=count",
        "Text={depart_title}",
        LAST);
    web_url("asset_depart_list.do_2",
        "URL=http://localhost:9000/front/asset_depart/asset_depart_list.do",
        "TargetFrame=",
        "Resource=0",
        "RecContentType=text/html",
        "Referer=http://localhost:9000/front/asset_depart/asset_depart_list.do",
        "Snapshot=t6.inf",
        "Mode=HTML",
        LAST);
    lr_end_transaction("add_department", LR_AUTO);
    lr_think_time(6);
    lr_start_transaction("add_asset_type");
    web_url(" 资产类别 ",
        "URL=http://localhost:9000/front/asset_category/asset_category_list.do",
        "TargetFrame=",
        "Resource=0",
        "RecContentType=text/html",
```

```
        "Referer=http://localhost:9000/front/asset_depart/asset_depart_list.do",
        "Snapshot=t7.inf",
        "Mode=HTML",
        LAST);
    web_url("asset_category_form.do",
        "URL=http://localhost:9000/front/asset_category/asset_category_form.do?_=1591880774785",
        "TargetFrame=",
        "Resource=0",
        "RecContentType=text/html",
        "Referer=http://localhost:9000/front/asset_category/asset_category_list.do",
        "Snapshot=t8.inf",
        "Mode=HTML",
        LAST);
    lr_think_time(16);
    web_submit_data("asset_category_save.do",
        "Action=http://localhost:9000/front/asset_category/asset_category_save.do",
        "Method=POST",
        "TargetFrame=",
        "Referer=http://localhost:9000/front/asset_category/asset_category_list.do",
        "Snapshot=t9.inf",
        "Mode=HTML",
        ITEMDATA,
        "Name=id", "Value=", ENDITEM,
        "Name=title", "Value={type_title}", ENDITEM,
        "Name=code", "Value={type_code}", ENDITEM,
        LAST);
    web_url("asset_category_list.do",
        "URL=http://localhost:9000/front/asset_category/asset_category_list.do",
        "TargetFrame=",
        "Resource=0",
        "RecContentType=text/html",
        "Referer=http://localhost:9000/front/asset_category/asset_category_list.do",
        "Snapshot=t10.inf",
        "Mode=HTML",
        LAST);
    lr_end_transaction("add_asset_type", LR_AUTO);
    return 0;
}
```

（7）vuser_end 脚本。将退出系统部分录制到 vuser_end 中。

```
vuser_end()
{
    web_url("logout.do",
        "URL=http://localhost:9000/front/logout.do",
        "TargetFrame=",
        "Resource=0",
        "RecContentType=text/html",
```

```
        "Referer=http://localhost:9000/front/asset_category/asset_category_list.do",
        "Snapshot=t11.inf",
        "Mode=HTML",
        LAST);
    return 0;
}
```

【思考与练习】

理论题

1．性能测试的常用术语有哪些？

2．性能测试的过程是什么？

3．性能测试的类型有哪些？

4．为什么要进行参数化？

5．为什么要设置事务？

6．设置检查点的目的是什么？

实训题

从网上下载 Web Tours。启动服务器，输入网址 http://127.0.0.1:1080/Webtours/，使用用户名 jojo 和密码 bean 登录，如图 5-35 所示。

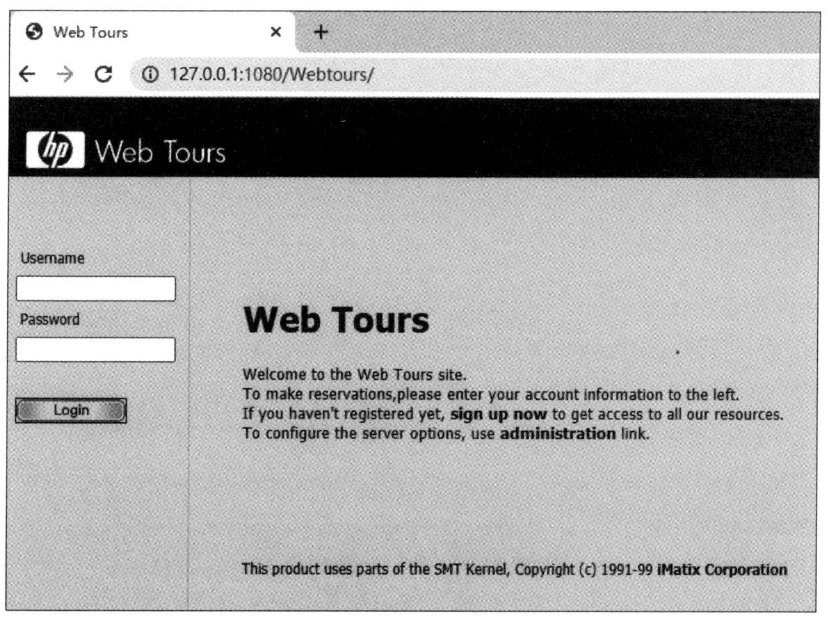

图 5-35　飞机订票程序

进行如下的操作：

（1）录制一个完整的订机票的脚本并回放脚本。

（2）对登录首页设置一个检查点，查看“welcome”文本是否存在。

（3）对出发城市（Departure City）和到达城市（Arrival City）进行参数化，具体数据见表 5-5。

表 5-5　出发城市与到达城市的参数化数据

Departure City	Arrival City
London	Los Angeles
Paris	San Francisco
Seattle	Sydney

（4）将登录过程录制到 vuser_int() 中。

（5）对查找机票设置事务 trans_findflight，对付款详细信息设置事务 trans_payment。

（6）在事务 trans_findflight 之前增加一个集合点 check_ren。

（7）将退出系统的过程录制到 vuser_end() 中。

（8）将脚本命名为 lr_bookflight。

任务 2　设置场景

任务描述

场景设置主要对添加的脚本（1 个或者多个）设置虚拟用户数、虚拟用户数递增或递减、脚本持续运行时间、集合点策略，然后运行场景，并对点击率、事务响应时间、吞吐量、Windows 资源以及虚拟用户数进行监控。

任务要求

1. 设置场景

（1）使用两个脚本 test_task1 和 test_task2，场景名称保存为 sc_test_task12。

（2）设置 50 个虚拟用户，采用用户组模式，每个组 25 个用户。

（3）运行场景之前初始化所有的用户，用户递增数量为 5，递增间隔为 5s；用户递减数量为 5，递减间隔为 5s。

（4）持续运行 10min。

（5）添加集合点策略，选择设置 25 个虚拟用户到达集合点时释放。

2. 运行场景

运行场景并监控以下 6 个图的变化：① Running Vusers；② Trans Response Time；③ Hits per Second；④ Throughput；⑤ Total Trans/Sec；⑥ Windows Resources。

知识链接

一、场景设计

1. 添加脚本到场景中

场景设计主要有两种模式：手动设置场景和面向目标设置场景。手动设置场景中可以勾选使用百分比模式，如图 5-36 所示。选择左边下拉列表框 Available Scripts 中的脚本，单击 Add 按钮，将脚本添加到右边 Scripts in Scenario 下拉列表框中，然后单击 OK 按钮，将脚本添加到场景设计当中。

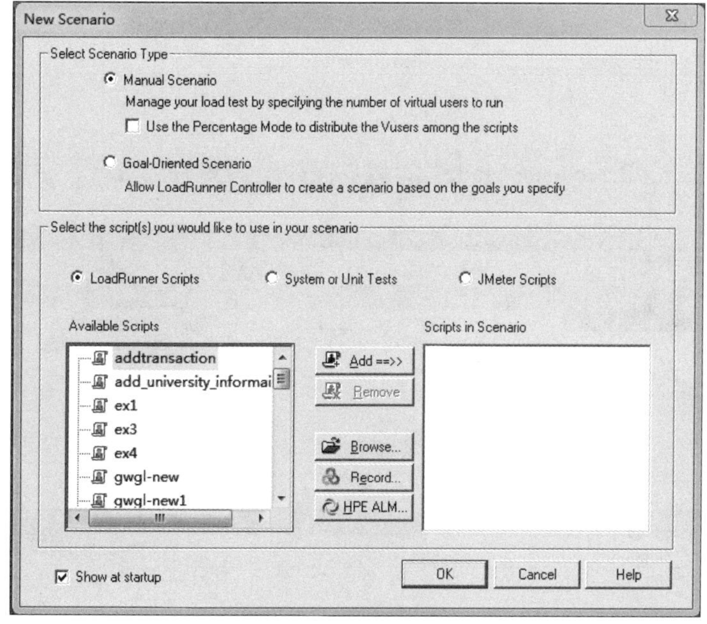

图 5-36　新建场景

在场景组中添加的脚本如图 5-37 所示。

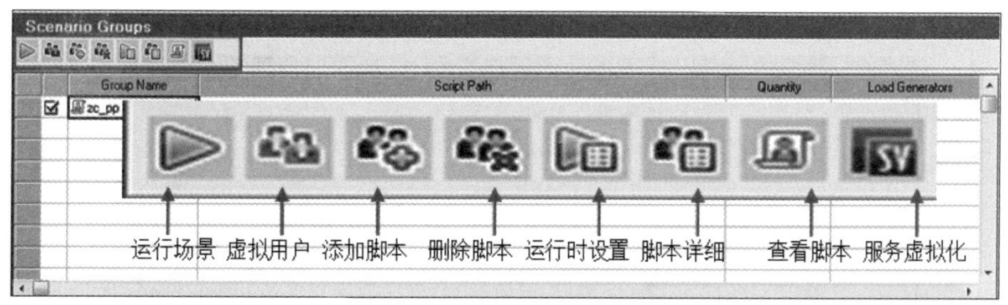

图 5-37　场景组

2. 场景计划（Scenario Schedule）

（1）两种模式。

1）用户组模式（Vuser Group Mode）设置界面如图 5-38 所示。

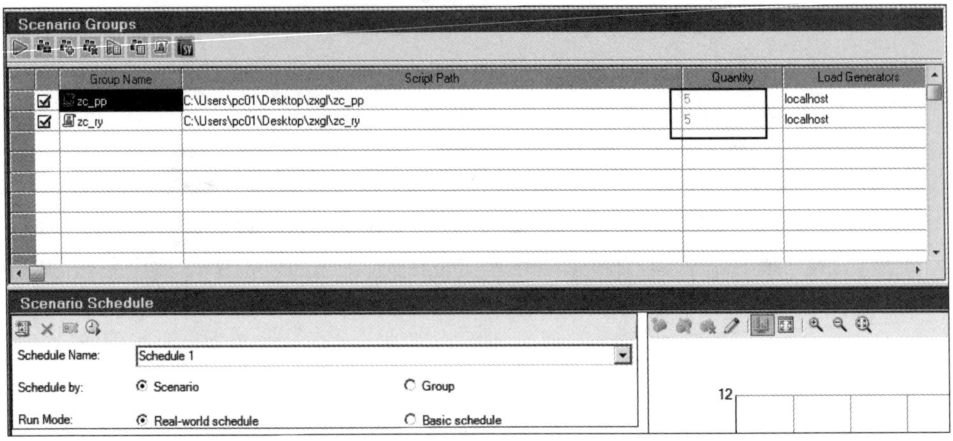

图 5-38　用户组模式

2）百分比模式（Percentage Mode）设置界面如图 5-39 所示。

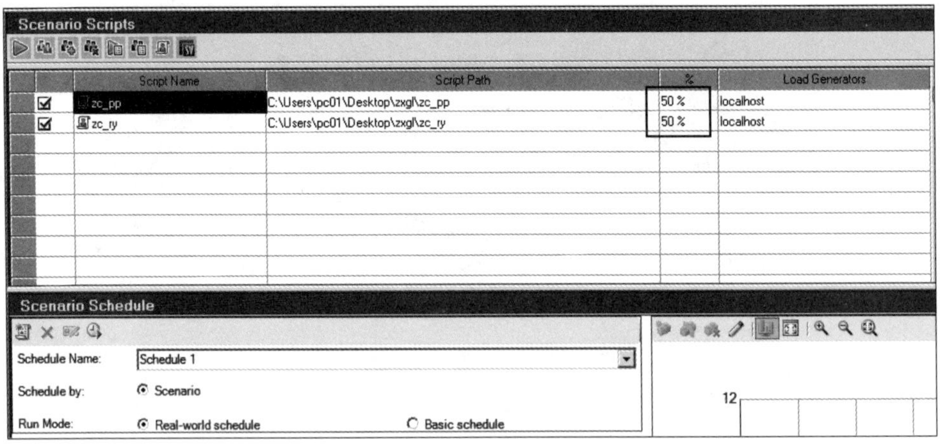

图 5-39　百分比模式

（2）场景开始时间（Scenario Start Time）设置界面如图 5-40 所示。

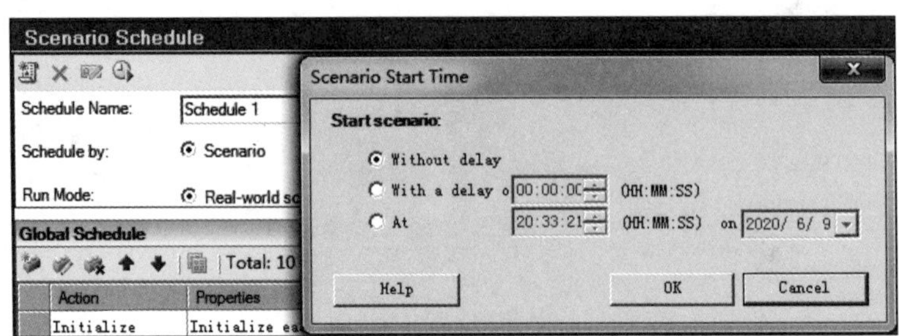

图 5-40　场景开始时间

场景开始时间有 3 种方式（针对 Run 页面的 Start scenario）：

1）立即开始，没有延迟。

2）延迟指定的时间后才开始运行。

3）在指定的时间开始运行，如在 2020/7/13 20:00:00 开始运行。

3. 总体计划（Global Schedule）

总体计划设置界面如图 5-41 所示。

Global Schedule

Total: 1 Vusers

Action	Properties
Initialize	Initialize each Vuser just before it runs
Start Vusers	Start 1 Vusers: 1 every 00:00:15 (HH:MM:SS)
Duration	Run for 00:05:00 (HH:MM:SS)
Stop Vusers	Stop all Vusers: 1 every 00:00:30 (HH:MM:SS)

图 5-41　总体计划

（1）Initialize：设置脚本运行前如何初始化每个虚拟用户。可以同时初始化所有虚拟用户；还可以每隔一段时间初始化一定数量的虚拟用户；也可以在脚本运行之前初始化每个虚拟用户。通常情况下选择第 3 种方式。

（2）Start Vusers：设置虚拟用户的启动方式，可以同时启动所有虚拟用户；也可以每隔一段时间启动一定数量的虚拟用户。

（3）Duration：设置场景执行的时间。

（4）Stop Vusers：设置场景执行完成后虚拟用户如何停止（只有当 Duration 设置为按指定时间运行时才需要设置该项），可以设置当场景运行结束后同时停止所有的虚拟用户；也可以每隔一段时间停止一定数量的虚拟用户。

当选择按组计划的时候，多了一个 Start Group 选项，在该场景中，是以组为单位进行计划的，每个组都要设置自己的 Initialize、Start Vusers、Duration、Stop Vusers 属性。例如，一组用户执行后产生的数据作为另一组用户的输入，这种情况就需要使用该方式来配置场景。使用该场景时，LoadRunner 默认将每个脚本定义为一个组。

4. 曲线图（Interactive Schedule Graph）

设置总体计划后可以看到如图 5-42 所示的用户交互时间表。

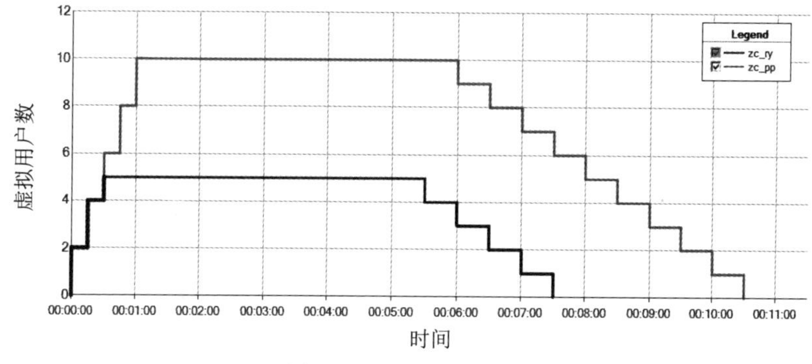

图 5-42　用户交互时间表

5. 集合点（Rendezvous）

选择菜单栏的 Scenario → Rendezvous 命令，弹出“Rendezvous Information”（集合点信息）对话框，如图 5-43 所示。如果脚本中没有集合点，那么场景中的 Scenario、Rendezvous 集合点功能将会是灰色显示。

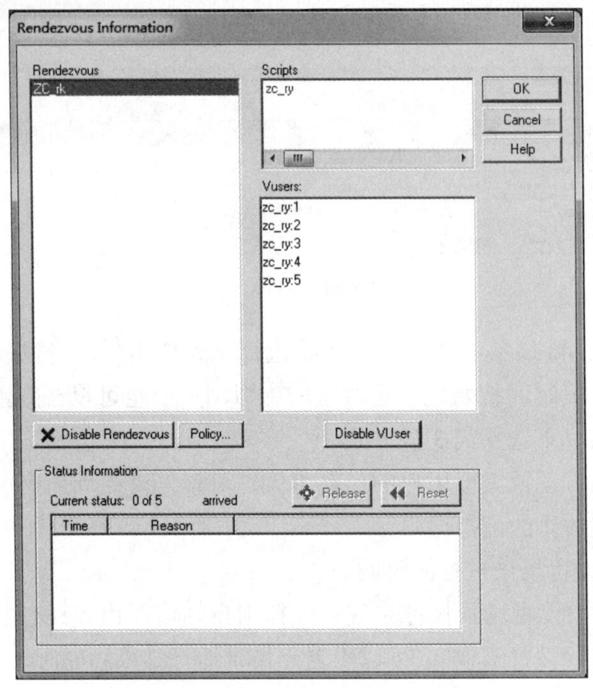

图 5-43 “集合点信息”对话框

（1）Vusers 栏显示使用该集合点的 Vuser，选择某个 Vuser，单击“Disable VUser”按钮，则该用户不使用该集合点。

（2）选择集合点，单击 Policy 按钮，弹出 Policy 对话框，在此设置 Vusers 集合的策略方式，共有 3 种策略，如图 5-44 所示。

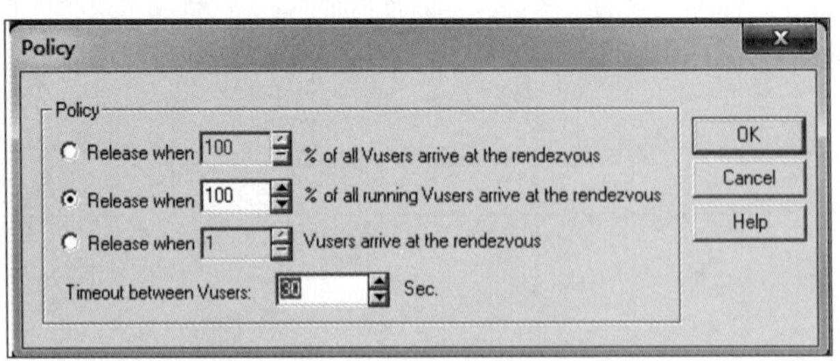

图 5-44 Policy 对话框

1）设置当百分之多少的用户到达集合点时脚本继续。

2）设置当百分之多少的运行用户到达集合点时脚本继续。

3）设置当多少个用户到达集合点时脚本继续。

（3）集合点超时策略。在脚本运行时，每个 Vuser 到达集合点时都会去检查一下集合点的策略设置，如果不满足，那么就在集合状态等待，直到集合点策略满足后才进行下一步操作。但是可能存在前一个 Vuser 和后一个 Vuser 达到集合点的时间间隔非常长的情况，所以需要指定一个超时的时间，如果超过这个时间就不等待迟到的 Vuser 了，即所有在集合点处于等待状态的用户将全部释放。

二、运行场景

1. 用户组（Scenario Groups）

“用户组”界面如图 5-45 所示，其中左边栏显示每个用户组的运行状态，右边栏为场景的控制操作。

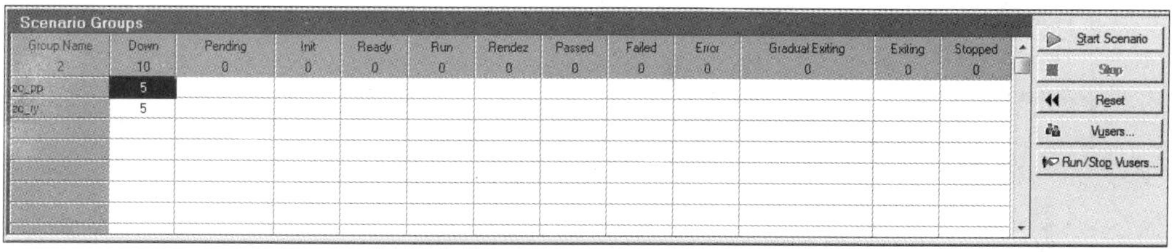

图 5-45 “用户组”界面

（1）Vuser 各运行状态的含义见表 5-6。

表 5-6 Vuser 各运行状态的含义

状态	含义	状态	含义
Down	Vuser 处于关闭状态	Passed	Vuser 运行结束，脚本执行通过
Pending	Vuser 处于挂起状态	Failed	Vuser 运行结束，脚本执行失败
Init	Vuser 正在进行初始化	Error	Vuser 发生了错误
Ready	Vuser 已经完成初始化，可以开始运行	Gradual Exiting	Vuser 正在逐步退出
Run	Vuser 正在运行	Exiting	Vuser 运行结束，正在退出

（2）场景控制操作代表的含义如下所述。

1）Start Scenario：开始场景，此时 Controller 开始初始化虚拟用户，并将这些虚拟用户服务分配到负载发生器，开始运行脚本。

2）stop：停止场景。

有 3 种控制场景停止运行的方式：

- 等当前迭代运行结束后，再停止运行场景。
- 等当前的 action 结束后，再停止运行场景。
- 不等待，立即停止运行场景。

3）Reset：将方案中所有的 Vuser 组重置为方案运行前的“关闭”（Down）状态，准备下一次场景的执行。

4）Vusers：虚拟用户组，可以看到每个 Vuser 的详细状态（ID、运行状态、脚本、负载发生器和所用时间），在这里可以选择单个 Vusers 进行操作。

5）Run/Stop Vusers：设置继续执行还是停止某个用户组，在运行期间可以在这里手动控制新添加的 Vuser。

2. 场景状态（Scenario Status）

场景状态的说明如图 5-46 所示。

Scenario Status	Down	说明
Running Vusers	0	正在运行的 Vusers 数
Elapsed Time	00:00:00 (hh:mm:ss)	场景从开始运行到现在所用时间
Hits/Second	0.00 (last 60 sec)	每秒点击次数（HTTP 请求数）
Passed Transactions	0	场景运行到现在成功通过的事务数
Failed Transactions	0	场景运行到现在失败的事务数
Errors	0	场景运行到现在发生的错误数
Service Virtualization	OFF	虚拟服务状态

图 5-46　场景状态

3. 资源监控（System Resource）

（1）添加服务器监控窗口，将左侧的 Windows Resources 拖到右侧的监控 Frame 中，在 Windows Resources 窗口内选择“Add Measurements”命令，添加被监控主机和监控内容，如图 5-47 所示。

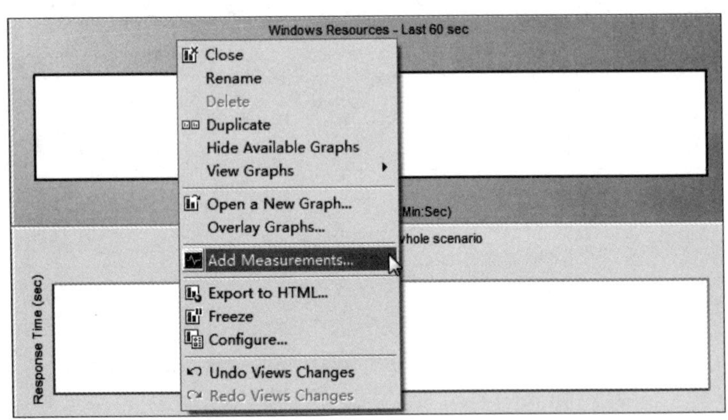

图 5-47　选择“Add Measurements”命令

（2）单击 Add 按钮，添加监控服务器，在 Name 项输入服务器的名称或 IP 地址，如图 5-48 所示。

（3）通过 Add 或 Delete 按钮添加或删除监控指标。监控的主要内容如下所述。

1）Memory（内存）。

- Available mbytes 可用内存数。

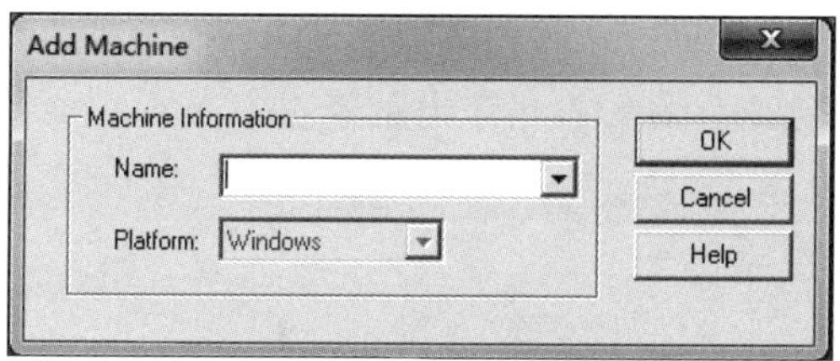

图 5-48　添加监控服务器名称

- Page/sec（input/out）：为了解析硬件错误，每秒从磁盘读出或写入的页数。
- Page fault：处理器每秒处理的错误页。
- Page input/sec：为了解决硬件错误页，每秒从磁盘上读取的页数。
- Page reads/sec：为了解决硬件错误页，从磁盘上读取的次数。
- Cache bytes：文件系统缓存，默认情况下为 50% 的可用物理内存。
- Pool paged bytes：分页池中的字节数。
- Pool nonpaged bytes：非分页池中的字节数。

2）Process（进程）。

- Page faults/sec：每秒出错页面的平均数量。
- Private bytes：此进程所分配的无法与其他进程共享的当前字节数量。
- Work set：处理线程最近使用的内存页。

3）Processor（处理器）。

- %processor time：CPU 利用率。
- Processor queue length：判断 CPU 瓶颈。
- Interrupt/sec：处理器接收并维护硬件中断的平均值。
- %user time：处理器处于用户模式的时间百分比。
- %privileged time：处理线程执行代码所花时间的百分比。
- %interrupt time：处理器在实例间隔期间接受和服务硬件中断的时间。
- %DPC time：指在实例间隔期间，处理器用在延缓程序调用（DPC）接收和提供服务的时间百分比。
- Queue length：指跟踪服务器工作队列当前长度的计数器，该数值会显示出处理器瓶颈。

4）Physical Disk（磁盘）。

- %disk time：指所选磁盘驱动器忙于读或写入请求提供服务所用的时间的百分比。
- Average disk queue length：表示磁盘为读取和写入请求提供服务所用时间的百分比。
- Average disk read queue length：磁盘读取请求的平均数。
- Average disk write queue length：磁盘写入请求的平均数。
- Average disk sec/read：磁盘中读取数据的平均时间。
- Average disk sec/transfer：磁盘中写入或读取操作时向磁盘传送或从磁盘传出字节的平均数。

5）Network Interface（网络）。

- Byte total/sec：网络中接收和发送字节的速度。

监控的场景如图 5-49 所示。

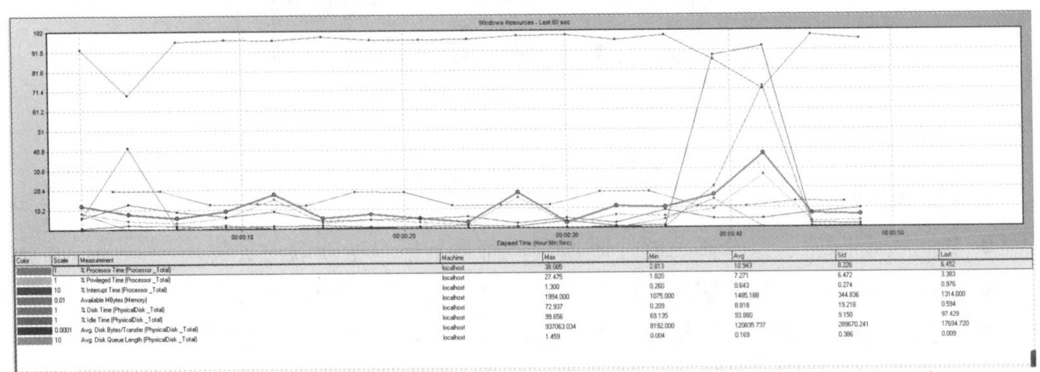

图 5-49　Windows 资源监控

4. 负载生成器

负载生成器界面如图 5-50 所示。

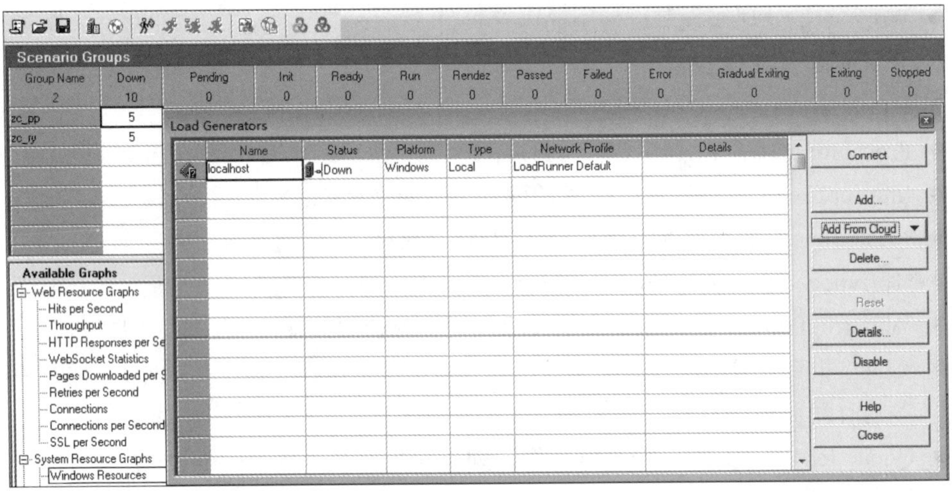

图 5-50　负载生成器界面

对场景进行设计后，接着需要对负载生成器进行管理和设置。Load Generators 是运行脚本的负载引擎，在默认情况下使用本地的负载生成器来运行脚本。由于模拟用户行为也需要消耗一定的系统资源，所以在一台计算机上无法模拟大量的虚拟用户，这个时候可以通过多个 Load Generators 来完成大规模的性能负载。添加负载生成器之前需要开启代理运行设置。

Load Generators 中还有一个很重要的设置，就是设置 init 人数，用户在运行脚本的时候会发现，在场景监控中，init 默认不会超过 50 个人，也就是最大并发数是 50 个人，用户想使用超过 50 个人的并发，就需要在这里进行设置了。

任务实施

场景的设计与运行

1. 资产管理系统场景设计

（1）添加两个脚本 test_task1 和 test_task2，如图 5-51 所示。

	Group Name	Script Path	Quantity	Load Generators
☑	update_telphone	E:\Documents\VuGen\Scripts\test_task2	25	localhost
☑	test_task1	E:\Documents\VuGen\Scripts\test_task1	25	localhost

图 5-51　添加两个脚本

（2）设置 50 个虚拟用户，采用用户组模式，每个组 25 个用户。

（3）开始运行之前初始化所有的用户：用户递增数量为 5，递增间隔为 5s；用户递减数量为 5，递减间隔为 5s。

（4）持续运行时间为 10min。场景总体计划如图 5-52 所示，设置总体计划后看到的用户交互时间表如图 5-53 所示。

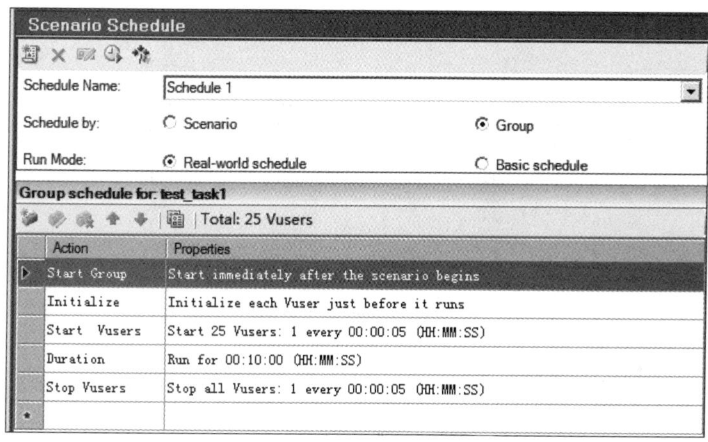

图 5-52　场景总体计划

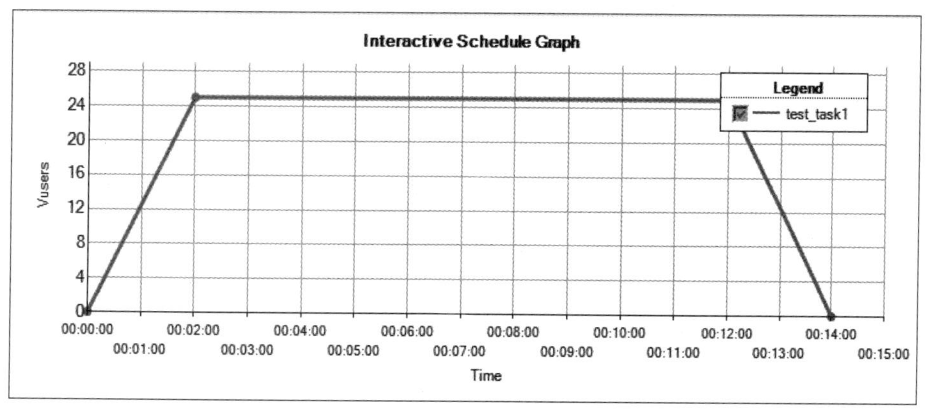

图 5-53　用户交互时间表

（5）添加集合点策略，设置 25 个虚拟用户到达集合点时释放，如图 5-54 所示。

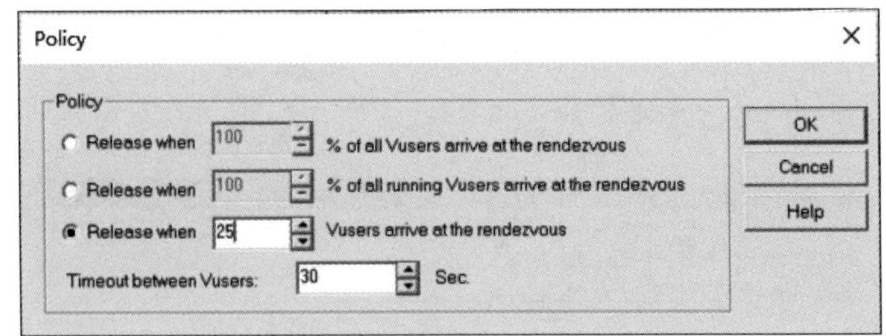

图 5-54　集合点策略

2. 资产管理系统场景运行

场景运行监控以下 6 个图的变化：① Running Vusers；② Trans Response Time；③ Hits per Second；④ Throughput；⑤ Total Trans/Sec；⑥ Windows Resources。具体如图 5-55 所示。

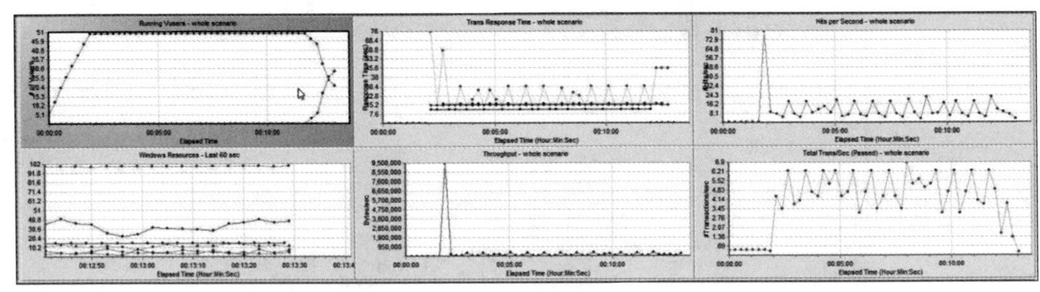

图 5-55　资源监控图

【思考与练习】

理论题

1．怎么设置集合点策略？

2．用户组模式与百分比模式设置的区别是什么？

3．Windows Resources 主要监控哪些内容？

实训题

对任务 1 中录制的脚本 lr_bookflight 进行以下的操作。

（1）场景设计。

1）设置 50 个虚拟用户。

2）开始运行之前初始化所有的用户：用户递增数量为 2，递增间隔为 2s；用户递减数量为 2，递减间隔为 2s。

3）持续运行时间为 15min。

4）添加集合点策略，设置 20 个虚拟用户到达集合点时释放。

（2）场景运行。场景运行监控以下 6 个图的变化：

1）Running Vusers。

2）Trans Response Time。

3）Hits per Second。

4）Throughput。

5）Total Trans/Sec。

6）Windows Resources。

（3）将场景命名为 sc_bookflight。

任务 3 产生分析报告

任务描述

性能测试分析流程主要从 summary 的事务执行情况入手，查看负载发生器和服务器的系统资源情况、虚拟用户与事务的详细执行情况、错误发生情况与 Web 资源与细分网页的情况。

任务要求

用任务 3 场景 sc_test_task12 运行之后产生的分析报告，分析资产管理系统的性能。

知识链接

一、分析图类型

1. Vusers 图

如图 5-56 所示，使用 Vusers 图可以确定方案执行期间 Vuser 的整体行为。它显示 Vuser 状态和完成脚本的 Vuser 的数量，主要包括正在运行的 Vusers 图和 Vusers 摘要图两种。

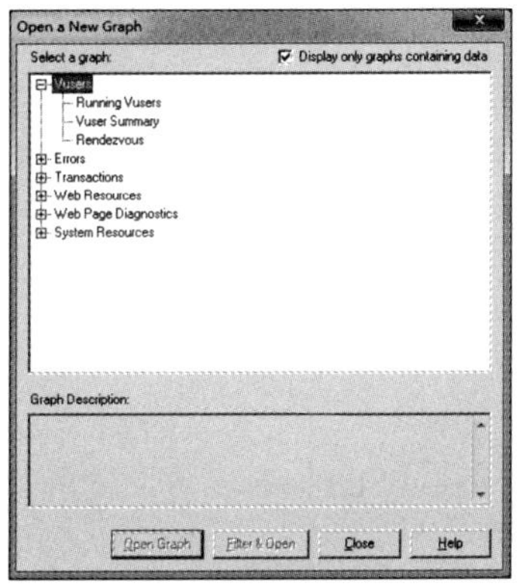

图 5-56 Vusers 图

2. Errors 图

在方案执行期间，并不是每个 Vuser 都一定会执行成功，可能有执行失败、停止或因错误而终止的情况。Errors 图主要是统计方案执行时的错误信息，主要包括：Error Statistics（By Description）、Error per Second（by Description）、Error Statistics 和 Error per Second 四种图。

3. 事务图

事务图描述了整个脚本执行过程中的事务性能和状态，主要包括以下内容：平均事务响应时间图、每秒事务数图、每秒事务总数、事务摘要图、事务性能摘要图、事务响应时间（负载下）图、事务响应时间（百分比）图和事务响应时间（分布）图。

4. Web 资源图

Web 资源图主要提供有关 Web 服务器性能的一些信息，使用 Web 资源图可以分享方案运行期间每秒点击次数、服务器的吞吐量、从服务器返回的 HTTP 状态代码、每秒 HTTP 响应数、每秒页面下载数、每秒服务器重试次数、服务器重试摘要、总的连接数和每秒连接数。

5. 网页细分图

网页细分图主要是提供一些信息来评估页面内容是否影响事务响应时间，如果出现影响事务响应时间的情况，可以通过细分图来进一步分析是什么原因影响了网页事务的响应时间。包括网页细分、页面组件细分、页面下载时间细分和已下载组件图几种。

6. 系统资源图

系统资源图主要监控场景运行期间系统资源使用率的情况。系统资源图可以监控 Windows 资源、UNIX 资源、SNMP 资源、SiteScope 资源和 Host 资源。

二、性能测试结果分析

性能测试分析报告

1. 性能概要报告

性能概要报告显示关于场景运行情况的常规信息和统计信息，另外还提供所有相关的 SLA（Service-Level Agreement，服务等级协议）信息。

性能概要报告由以下部分组成：

(1)场景的总体统计信息。在“Analysis Summary”部分可以看到统计信息:并发用户数、吞吐量、平均吞吐量、总点击数、平均点击数等。

（2）执行情况最差的事务。

（3）超出 SLA 阈值的时间间隔“Scenario Behavior Over Time”部分显示不同的时间间隔内各事务的执行情况。

（4）事务的整体性。“Transaction Summary”列出每个事务的概要情况。

2. 服务器性能的不稳定性

服务器性能的不稳定性可以从 Session Explorer 窗格访问相应的图进行查看。

3. 测试结果分析的步骤

测试结果分析的步骤如下：

（1）导入场景数据。

（2）添加待分析的 Graphs。

（3）进行 Graphs 组合分析。

（4）添加 Transaction 报告。

（5）添加 SLA 分析报告。

（6）生成性能测试报告。

4. 详细的分析步骤

详细的分析步骤如下：

（1）研究 Vuser 的行为（Running Vusers 图）。

（2）筛选 Running Vusers 图，仅查看所有 Vuser 同时运行的时间段。

（3）将两个图关联在一起比较数据，查看一个数据对另一个数据的影响，称为关联两个图。

（4）保存模板。

（5）分析关联后的图。

三、生成测试报告

选择 Reports → New Report 命令，弹出“New Report”对话框，如图 5-57 所示，输入报告名称（Title）、作者姓名（First Name、Surname）等信息，单击 Generate 按钮生成测试报告。

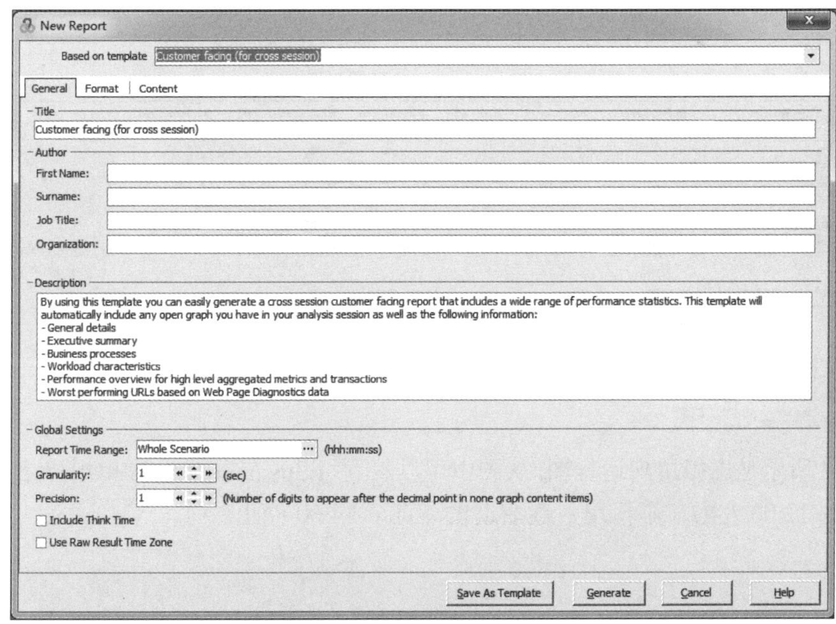

图 5-57　“New Peport”对话框

任务实施

1. 统计汇总图

从图 5-58 所示的统计汇总图可知，运行的总的虚拟用户数是 50 个，总的吞吐量是 274M 字节，总的点击率是 9894。

Statistics Summary

Maximum Running Vusers:		50	
Total Throughput (bytes):	⊘	274,527,529	
Average Throughput (bytes/second):	⊘	325,655	
Total Hits:	⊘	9,894	
Average Hits per Second:	⊘	11.736	View HTTP Responses Summary

You can define SLA data using the SLA configuration wizard

You can analyze transaction behavior using the Analyze Transaction mechanism

图 5-58　统计汇总图

2. 事务汇总图

从图 5-59 和图 5-60 所示的事务汇总图可知，平均的登录系统时间和退出系统时间分别只用了 0.06s 和 0.021s，速度较快。Update_telephone、add_department、add_asset_type 三个事务的最小、最大和平均响应时间相差不大，且整个场景运行期间事务全部通过，没有错误产生，说明系统的稳定性和可靠性较好。

Transaction Summary

Transactions: Total Passed: 3,515 Total Failed: 0 Total Stopped: 0　　Average Response Time

Transaction Name	SLA Status	Minimum	Average	Maximum	Std. Deviation	90 Percent	Pass	Fail	Stop
Action_Transaction	⊘	15.016	25.524	165.022	19.595	30.158	1,514	0	0
add_asset_type	⊘	16.012	16.025	16.055	0.037	16.036	387	0	0
add_department	⊘	11.029	11.135	11.228	0.035	11.169	387	0	0
update_telephone	⊘	15.002	15.02	15.046	0.006	15.029	1,127	0	0
vuser_end_Transaction	⊘	0.009	0.021	0.036	0.006	0.027	50	0	0
vuser_init_Transaction	⊘	0.048	0.06	0.091	0.011	0.069	50	0	0

Service Level Agreement Legend:　✔ Pass　☒ Fail　⊘ No Data

图 5-59　事务汇总图 1

3. 虚拟用户运行图

图 5-61 所示是虚拟用户运行图，从图中可以看到，1:30s 左右 50 个虚拟用户才加载完毕，持续运行到 12:00 左右，虚拟用户逐渐退出，直至 14:00 停止。

4. 点击率

图 5-62 反映了点击率的情况，在 1:30 ～ 2:00，当虚拟用户全部加载完毕时，点击率迅速攀升，其他时间点击率均比较平稳。

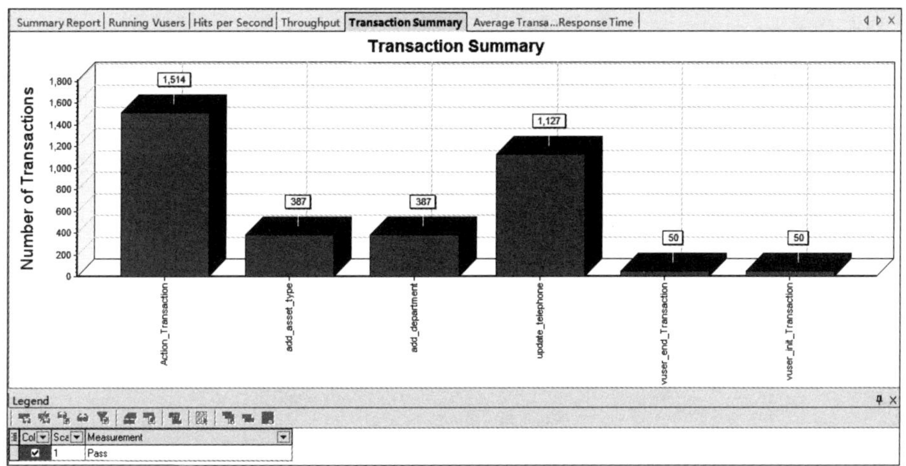

图 5-60　事务汇总图 2

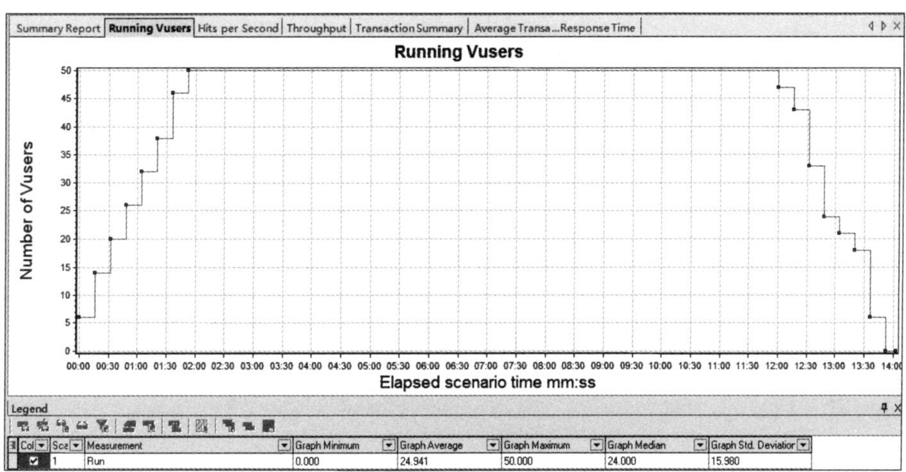

图 5-61　虚拟用户运行图

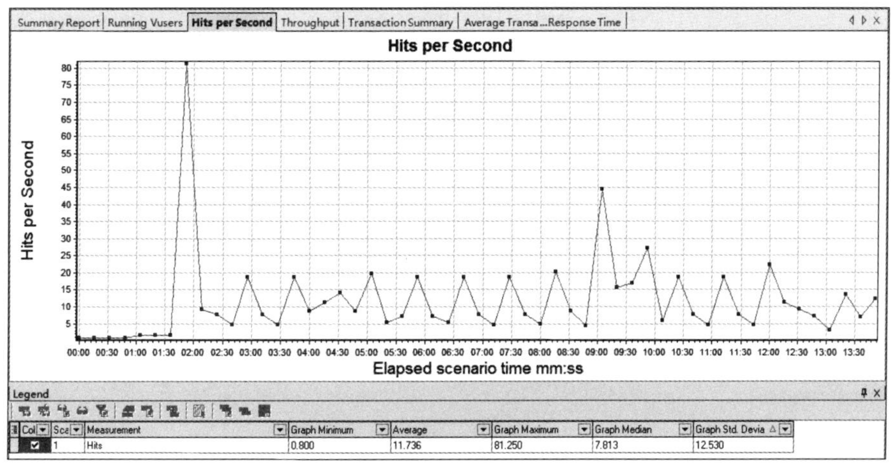

图 5-62　点击率图

5. 吞吐量

图 5-63 反映的是吞吐量的情况，当图 5-62 中点击率迅速攀升时，吞吐量骤然加大。其他时间吞吐量与点击率成正比。

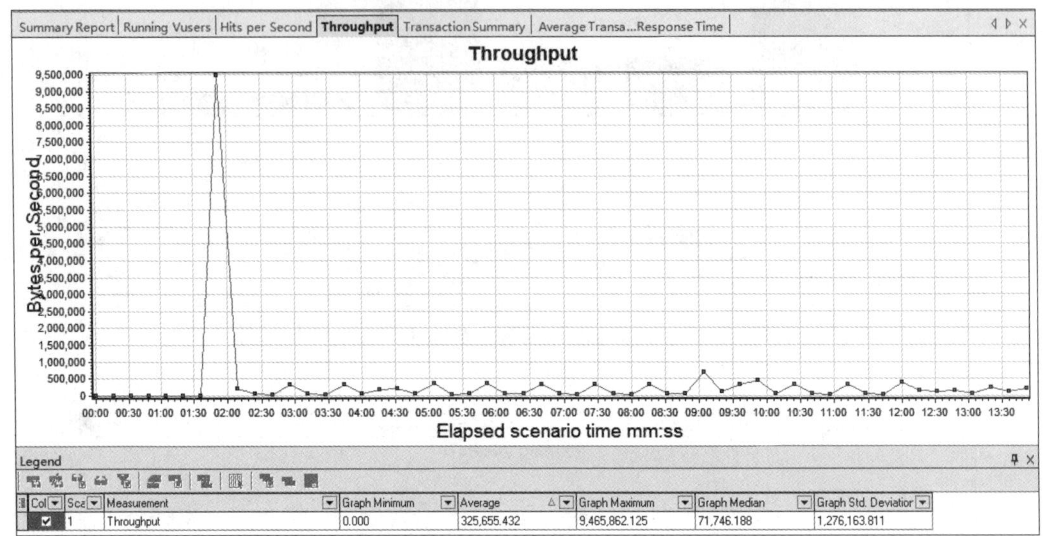

Col	Scale	Measurement	Graph Minimum	Average	Graph Maximum	Graph Median	Graph Std. Deviation
☑	1	Throughput	0.000	325,655.432	9,465,862.125	71,746.188	1,276,163.811

图 5-63　吞吐量

6. 平均事务响应时间

图 5-64 反映了平均事务响应时间，除了开始加载用户和最后用户逐渐退出阶段平均事务响应时间较长之外，其他时间均比较平稳。

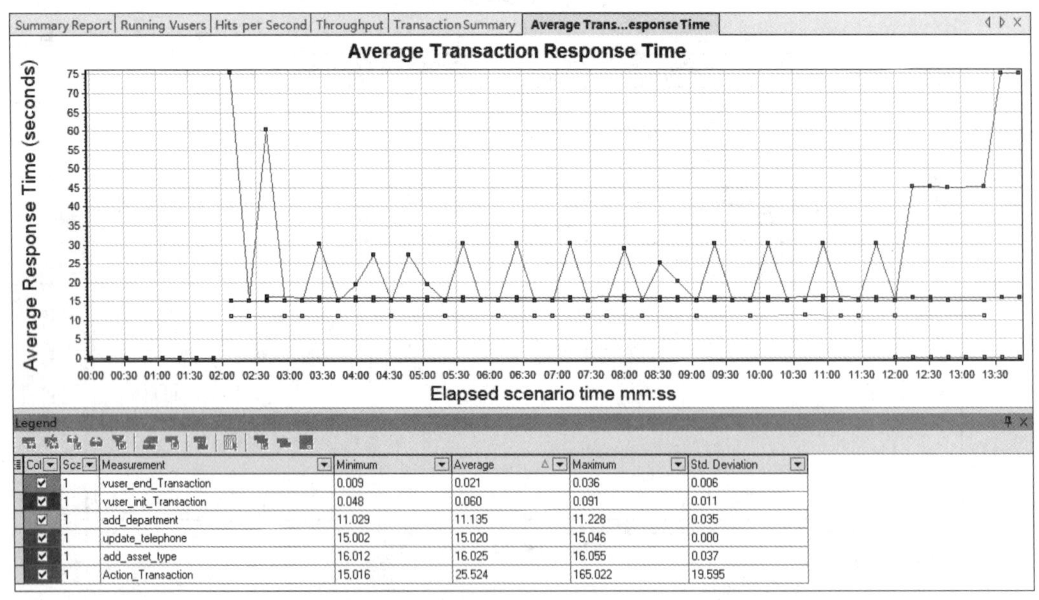

Col	Scale	Measurement	Minimum	Average	Maximum	Std. Deviation
☑	1	vuser_end_Transaction	0.009	0.021	0.036	0.006
☑	1	vuser_init_Transaction	0.048	0.060	0.091	0.011
☑	1	add_department	11.029	11.135	11.228	0.035
☑	1	update_telephone	15.002	15.020	15.046	0.000
☑	1	add_asset_type	16.012	16.025	16.055	0.037
☑	1	Action_Transaction	15.016	25.524	165.022	19.595

图 5-64　平均事务响应时间

7. Windows 资源图

图 5-65 反映的是 Windows 资源图，在 50 个虚拟用户的运行过程中，内存基本达到 100% 的利用率，其他设备运行较正常。

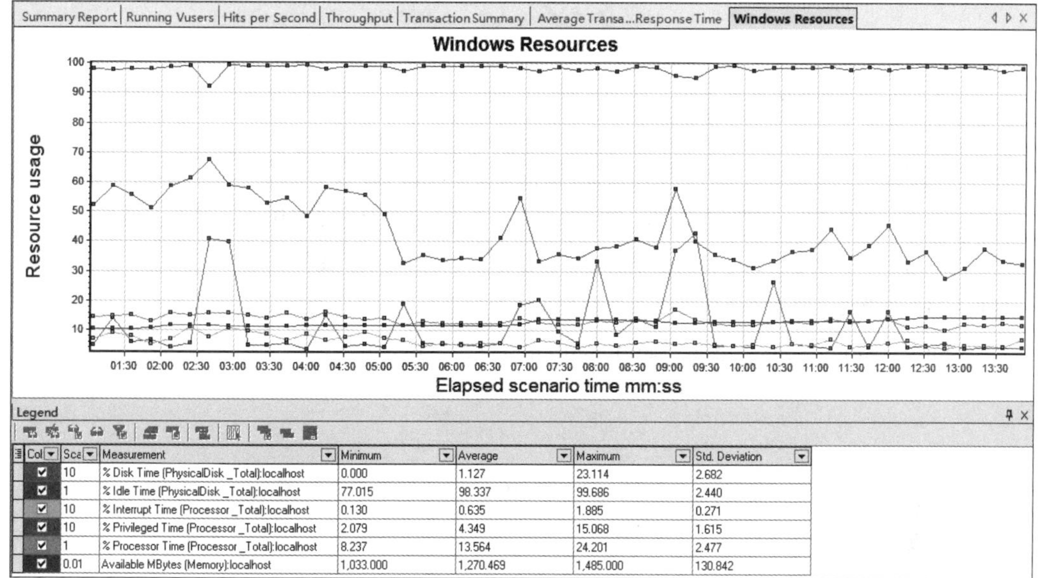

Col	Scale	Measurement	Minimum	Average	Maximum	Std. Deviation
☑	10	% Disk Time (PhysicalDisk _Total):localhost	0.000	1.127	23.114	2.682
☑	1	% Idle Time (PhysicalDisk _Total):localhost	77.015	98.337	99.686	2.440
☑	10	% Interrupt Time (Processor _Total):localhost	0.130	0.635	1.885	0.271
☑	10	% Privileged Time (Processor _Total):localhost	2.079	4.349	15.068	1.615
☑	1	% Processor Time (Processor _Total):localhost	8.237	13.564	24.201	2.477
☑	0.01	Available MBytes (Memory):localhost	1,033.000	1,270.469	1,485.000	130.842

图 5-65　Windows 资源图

【思考与练习】

理论题

1. 性能测试报告中应该重点分析哪些图？
2. 分析 Window Resources 主要监控的内容是什么？

实训题

将任务 2 的场景 sc_bookflight 运行的结果产生性能测试报告并对其进行分析。

参考文献

[1] 郭雷．软件测试 [M]．北京：高等教育出版社，2018.

[2] 贺平．软件测试教程 [M]．北京：电子工业出版社，2010.

[3] http://www.york.ac.uk/depts/maths/tables/orthogonal.html.

[4] http://tungwaiyip.info/software/HTMLTestRunner.html.

[5] http://support.sas.com/techsup/technote/ts723_Designs.txt.